adfahrertunnel unter dem Fluss Tyne bei Newcastle in Nordengland

Band 286

OutdoorHandbuch

Roland Schmellenkamp

Fahrradfahren ultraleicht

Material, Ausrüstung, Ergonomie

Fahrradfahren ultraleicht

Der Autor und der Verlag sind für Lesertipps und Verbesserungen (besonders per E-Mail) unter Angabe der Auflagen- und Seitennummer dankbar.

Dieses OutdoorHandbuch hat 128 Seiten mit 32 farbigen Abbildungen sowie 2 farbigen Illustrationen. Es wurde auf chlorfrei gebleichtem Papier gedruckt, in Deutschland klimaneutral hergestellt und transportiert und wegen der größeren Strapazierfähigkeit mit PUR-Kleber gebunden.

Dieses Buch ist im Buchhandel und in Outdoor-Läden erhältlich und kann im Internet oder direkt beim Verlag bestellt werden.

OutdoorHandbuch aus der Reihe „Basiswissen für draußen“, Band 286

ISBN 978-3-86686-583-9 2., überarbeitete Auflage 2017

Text: Roland Schmellenkamp
Fotos: Roland Schmellenkamp, Andre Girgner (S. 80)
Lektorat: Norbert Rother
Illustrationen: Eike Becker
Layout: Anna-Lena Ebner

Gesamtherstellung: Werbedruck GmbH Horst Schreckhase

Dieses OutdoorHandbuch wurde konzipiert und redaktionell erstellt vom:

Conrad Stein Verlag GmbH, Kiefernstr. 6, 59514 Welver, ☎ 023 84/96 39 12, FAX 023 84/96 39 13
info@conrad-stein-verlag.de,
www.conrad-stein-verlag.de

Besuchen Sie uns bei Facebook & Instagram:

 www.facebook.com/outdoorverlag

 www.instagram.com/outdoorverlag

Titelfoto: Ein reisetaugliches Fahrrad mit 11 kg Gewicht und Gepäck mit unter 10 kg hat viele Vorteile

Inhalt

Vorwort

Es geht anders und leichter!

Urlaub mit dem Fahrrad und mit Campingausrüstung? Da schütteln viele den Kopf, sagen „Zu anstrengend mit dem schweren Gepäck!“ Grob überschlagen sind es mit Fahrrad und vollständiger Campingausrüstung rund 38 kg, die man pedalieren muss. Wer auf dem Rad reist, hat meist vorn Taschen angebracht, am Lenker, seitlich am Gepäckträger und obendrauf kommen weitere Taschen. Manche haben sogar einen Anhänger. Weil das Gepäck schwer ist, muss das Rad sehr stabil sein – und ist damit auch schwer. Steigungen werden zur Schinderei, aus der Tour eine Tortur.

Doch es geht anders. Weniger Taschen, weniger Gepäck, weniger Gewicht – und damit mehr Spaß. Das haben die Wanderer vor einigen Jahren vorgemacht: „Trekking ultraleicht“ ist das Stichwort (und das gleichnamige Buch von Stefan Dapprich vom Conrad Stein Verlag sehr empfehlenswert). Die Radreisenden können es nachmachen. Unter 12 statt 18 kg für das komplett ausgestattete Rad sind möglich, 10 statt 20 kg oder noch weniger für eine Campingausrüstung samt Zelt, Schlafsack, Kocher, Ersatzteilen und Kleidung. Wer in Herbergen übernachtet, kann sogar mit 4 kg Gepäck auskommen.

Das niedrigere Gewicht hat viele Vorteile:

- ▷ Steigungen lassen sich einfacher bewältigen,
- ▷ lange Etappen schneller zurücklegen,
- ▷ der Bremsweg wird kürzer,
- ▷ das Rad lässt sich präziser steuern und das Fahren wird dadurch sicherer,
- ▷ ohne Lenkertasche gibt es eine bessere Sicht auf die Straße.

Ein hohes Gewicht des fahrbereiten Rades samt Fahrer bedeutet, dass Bauteile besonders stabil und damit meist schwerer sein müssen – und umgekehrt.

Geringeres Gewicht bedeutet daher auch:

- ▷ weniger Reifenpannen, Speichen-, Felgen- und Rahmenschäden,
- ▷ einfacheren Transport in Autos und Bussen,
- ▷ bei Flügen entfallen teure Übergepäck-Zuschläge (23 kg ist meist die Grenze fürs Gepäck),
- ▷ es gibt Handlingvorteile, falls Rad und Gepäck getragen oder geschoben werden müssen (Baumstämme auf dem Weg, unwegsames Gelände, Treppen insbesondere auf Bahnhöfen, starke Steigungen, bei Pannen),
- ▷ es gibt eine Gepäck-Reserve für Nahrungs- und Wasservorräte,
- ▷ es spart Zeit und man hat damit mehr von der Fahrt (Grund: wenig Gepäck ist schneller verstaut).
- ▷ bei Einkäufen kann das gesamte Gepäck im Einkaufswagen mitgenommen werden und ist damit vor Diebstahl sicher. Wenig Gepäck lässt sich auch z. B. bei Museums- oder Cafébesuchen eher in eine sichere Ecke bei der Kasse stellen als ein halbes Dutzend große Taschen.

Und das Wichtigste:

- ▷ Mit wenig Gewicht unterwegs zu sein bedeutet mehr Freude an der Fahrt zu haben. Ein leichtes Rad macht nicht nur auf der Reise, sondern auch bei Tagestouren und im Alltag mehr Spaß. Einige Hersteller haben neben schweren Rädern mit Vollausstattung wie Federgabel, gefederte Sattelstütze, Kettenkasten und so weiter auch eine „leichte“ Produktserie im Programm – dazu später mehr.

Dabei kostet „Radfahren ultraleicht“ nicht unbedingt mehr als die schwere Standard-Ausrüstung, manchmal sogar weniger: Bereits eine große Gewichtsreduzierung erreicht man durch eine geschickte Wahl der Teile. Manche kosten jedoch etwas mehr als die üblicherweise verbauten. Doch wer das letzte Gramm sparen will, muss das relativ teuer bezahlen.

Ein Beispiel – weitere folgen im Buch – sind Bremsen: Die Avid Single Digit V-Brakes samt Griffen wiegen knapp 200 g weniger als die hydraulische Felgenbremse Magura HS33. Die Avid-Kombination kostet mit

Zügen rund € 60 und ist damit € 90 günstiger. Wählt man die superleichte Version „SL“ von Avid mit Titanschrauben, spart man weitere 70 g. Die Griffe und Bremsen kosten allerdings rund € 90. Darauf werden wir noch häufig zurückkommen: Erst bei den letzten Gramm wird es teurer. Bei den Tipps wird auch mal über den üblichen Felgenrand geschaut – z. B. bei Packtaschen.

Die Tipps und Tricks für die Umrüstung vorhandener Räder und den Neukauf erfahren Sie in diesem Buch – allein bei den Felgen und Reifen lässt sich oft über ein Kilogramm sparen. Und die Ratschläge schützen vor teuren Fehlinvestitionen, denn die hat der Autor bereits gemacht.

Sich ein wenig mit dem Thema zu beschäftigen, schützt Sie vor Unannehmlichkeiten auf Touren. Worum es im Buch nämlich nicht geht: extremer Leichtbau auf Kosten der Standfestigkeit. „Leicht“ bedeutet bei diesem Buch also, Rad und Ausrüstung so zu optimieren, dass sie für die persönlichen Belange möglichst leicht sind und trotzdem Defekte nicht zunehmen. Der Leser erfährt auch, wo man mit ein paar Gramm nicht geizen sollte. Was nicht möglich ist: Ein konkretes Rad zu empfehlen – zu unterschiedlich sind die Ansprüche. Aber die folgenden Seiten werden bei der Entscheidung helfen.

Als Extras gibt es ein Kapitel zu Ergonomie: Leicht fährt man nämlich nur, wenn die Sitzposition stimmt! Und in diese Auflage wurde neu das Thema „Bikepacking“ aufgenommen, wo es darum geht, auf herkömmliche Gepäckträger zu verzichtet.

Ich wünsche viel Spaß beim Lesen und noch mehr beim leichteren Radeln!

Roland Schmellenkamp

Kaufberatung

Wo informieren?

Eine Vorbemerkung: In den folgenden Kapiteln werden viele Hersteller und Produkte genannt. Ich habe zu keinem Hersteller persönliche Kontakte und bei keinem Produkt irgendwelche Vorteile wie Rabatt erhalten. Das ist nicht selbstverständlich: Als Journalist weiß ich, dass auf Gratis-Reisen, verschenkte Produkte, Rabatt für die Autoren und auch auf teure Anzeigen in Medien oft wohlwollende Beurteilungen folgen. Deshalb sollte man bei Zeitschriften auf der Hut sein: Es gibt Vertriebe oder Hersteller, die ganzseitige Anzeigen schalten – mit einer negativen Bewertung oder gar harter Kritik stößt man einen wichtigen Geldbringer ganz schön vor den Kopf ...

Meist gibt es sowieso nur drei Noten: Gut, Sehr Gut und Super.

Sinnvoll ist, bei den Bewertungen „zwischen den Zeilen" zu lesen. Wird z. B. das Fahrverhalten sehr gelobt und der schlechte Sattel und der etwas wackelige Vorbau kritisiert, ist das kein Problem – beides lässt sich günstig gegen besseres Material tauschen. Heißt es dagegen, dass das Rad bei Beladung schlecht auf der Straße liegt, ist möglicherweise der Rahmen nicht allzu stabil – Finger weg.

Auch im Internet ist Vorsicht angesagt: Hersteller „pflegen" zum Teil die Foren. Sprich: Ein Mitarbeiter macht getarnt als „Privatier" gute Stimmung fürs eigene Produkt und Konkurrenten mies. Viele Beiträge kommen zwar von Privatleuten, aber die empfehlen meist das, was sie besitzen, ohne überhaupt anderes im direkten Vergleich erlebt zu haben: „Kaufe Dir xyz, das ist gut, habe ich auch!" Manche Forums-Schreiber beten Zeitschriften-Tests nach oder das, was sie selbst irgendwo gelesen oder gehört haben.

Also auf zum Radhändler! Doch auch da ist die Beratung oft nicht gut: Manche Verkäufer haben schlicht keine Ahnung. So wurde einem Freund von mir bei drei Händlern erklärt, dass er an seinem Rad hinten keinen Gepäckträger anbringen könne, weil es Scheibenbremsen hat. Falsch! Dafür gibt es von Tubus den „Disco". Ein Verkäufer schlug vor, einen normalen Gepäckträger einfach im Bereich der Radachse breiter zu biegen. Kein guter Tipp: Ein derart aufgebogener oder mit Spannung montierter Gepäckträger ist anfälliger für Bruch. Oft werden Kunden auch Räder in der falschen Rahmengröße empfohlen – schlicht deshalb, weil sie gerade im Laden stehen.

Ich möchte die Verkäufer aber etwas in Schutz nehmen: Es gibt sowohl beim Zubehör als auch bei den Rädern immer mehr Produkte mit unterschiedlichen Eigenschaften (Elektroantrieb, Federgabeln, Scheibenbremse). Viele Verkäufer sind gleichzeitig Geschäftsinhaber – also auch Buchhalter, Mechaniker und so weiter. Sie können nicht alles wissen. Und die meisten wollen ihre Kunden gut beraten, damit sie wiederkommen und nur ein guter Ruf sichert langfristig den Geschäftserfolg.

☺ **Tipp**: Wer sich vom Rose-Versand den Katalog besorgt, kann sich daheim im Sessel vor dem Besuch beim Händler einen Überblick zu Rädern und Zubehör verschaffen.

Was tun? Am besten überall Informationen sammeln und selbst Sachen ausprobieren. Also auch mal mit Freunden und Bekannten über das Thema reden und auf deren Rädern Probe fahren.

Doch nun zum Thema: Radfahren ultraleicht. Wobei der Titel dieses Buches nicht ganz präzise ist. Schließlich sollen Rad und Gepäck leicht sein, aber Materialausfälle vermieden werden. Bei manchen Teilen rate ich nicht zu den leichtesten, sondern zu etwas schwereren und belastbareren. Wobei die Gleichung „leicht = geht leicht kaputt“ und „schwer = hohe Lebensdauer“ nicht immer stimmt. Auch dazu später mehr.

Was mir auch wichtig ist: Ich erhebe nicht den Anspruch, alles zu kennen und besser zu wissen. Wer selbst Tipps parat hat und andere Erfahrungen gemacht hat – vielleicht sogar von manchen Dingen, die ich empfohlen habe, aus guten Gründen abrät – kann mir gern eine E-Mail schreiben.

✍ schmellenkamp@aol.com

Gebraucht, Sonderangebote und Versandhändler

Gebraucht

Da würde ich nur nahezu neue Räder nehmen und auf Gewicht und Fahrstil des Vorbesitzers achten. Fragen Sie, was er für Touren unternommen hat und ob er im Gelände unterwegs war. Prahlt er damit, wie er im Wald

Holperstrecken mit hoher Geschwindigkeit heruntergesaust ist und man problemlos Bordsteine hochfahren kann: Finger weg. Rahmen, Felgen, Schläuche und Reifen könnten nicht sichtbare Schäden haben. Das Gleiche gilt, wenn Sie Kratzer entdecken, die von einem Sturz stammen können: Unter anderem die Lenkerenden untersuchen. Bei einer Stahlgabel kontrollieren, ob sie exakt gerade ist. Bei Stahlrahmen am Steuerrohr (da steckt die Gabel drin) unter das Rohr Richtung Tretlager greifen und fühlen, ob dort kleine Knubbel sind. Ist das der Fall, hat es wahrscheinlich einen Frontal-Unfall gegeben, bei dem der Rahmen leicht gestaucht wurde – nicht kaufen!

Oft sind gerade teure Räder nur Zweitfahrzeuge. Dann könnte sich der Kauf lohnen – wenn die Verschleißteile in gutem Zustand sind und das Rad exakt passt. Benötigen Sie neue Reifen, eine neue Felge, Bremsbeläge und einen Verschleißsatz für die Schaltung liegt dies oft bei € 400 und der Abstand zur passgenauen Neuanschaffung, auf die man Garantie hat, wird klein – wenn er überhaupt noch besteht. Und Vorsicht bei den Kilometerangaben: Fragt man Reiseradler, wie viele Kilometer sie im Jahr unterwegs sind, wird mit astronomischen Zahlen geantwortet. Wenn ein Rad angeboten wird, ist es immer umgekehrt: Kaum gelaufen ...

Sonderangebote

Bei Sonderangeboten sollte man sich sehr sicher sein, dass die Größe des Rahmens stimmt. Falls Komponenten wie Lenker, Gepäckträger und Lichtanlage nicht den Wünschen entsprechen, lassen sie sich meist in Eigenleistung austauschen. Wenn z. B. statt einer relativ schweren Hydraulikbremse leichte V-Brakes gewünscht sind, kann man durch den Verkauf der Originalteile womöglich sogar noch mehr Geld sparen. Manchmal haben Sonderangebote Haken: Es hat einen Grund, wieso sie so günstig sind. Und es gibt wie bei anderen Produkten „Pseudoangebote“: Ursprünglich sollte das Rad angeblich € 1.000 kosten, nun 700. In Wirklichkeit war es von Anfang an auf € 700 kalkuliert und die Komponenten sind auch nur diesem Preis entsprechend.

☺ **Tipp**: Im Winter gibt es bis Februar einen Abverkauf der Vorjahresmodelle. Da lässt es sich wirklich sparen. Das ist übrigens generell eine sehr gute Zeit für den Radkauf: Die Händler haben Zeit, das Lager ist voll mit Vorjahresrädern und kurz vor dem Frühjahr zusätzlich mit aktuellen Modellen. Sobald es jedoch im Frühjahr ein paar sonnige Tage gibt, beginnt die Hochsaison für Radhändler – da sollte man Besuche vermeiden. Die Kunden stehen Schlange, Verkäufer sind kurz angebunden.

Hier handelt es sich tatsächlich um ein Sonderangebot mit rund 13 % Rabatt. Viele reißerisch angepriesene Schnäppchen sind jedoch keine: Der durchgestrichene Preis ist beispielsweise € 999, das Angebot lautet € 599. Und die Summe ist das Rad im Vergleich zu anderen Listenpreise höchstens wert – oft sogar weniger.

Geschäft vor Ort oder Versandhändler?

Wer das „Schnäppchen“ beim Versender kauft, sollte sich ganz sicher sein, dass Rahmengröße, Lenker und das Drumherum passen. Weil der Händler vor Ort normalerweise fünf bis zehn Prozent Rabatt gibt, sind die Versender oft nicht besonders günstig. Auch deshalb, weil ein guter Händler bestimmte Teile wie Vorbau und Sattel gratis austauscht (oder gegen den Mehrpreis der neuen Komponenten), gleich bei der Bestellung oder nach den ersten Kilometern. Beim Versandrad gibt es diese Möglichkeit meist nicht, man bleibt wortwörtlich auf dem Sattel sitzen, der unbequem ist. Oder man möchte doch einen etwas längeren Vorbau haben (das Teil zwischen Lenker und Steuerrohr) und muss dafür € 30 extra hinlegen – der Händler vor Ort hätte den Vorbau gratis getauscht, wenn es beim Kauf vereinbart worden wäre. Außerdem gibt es beim Händler vor Ort oft die Erstinspektion gratis (beim Kauf vereinbaren!). Dabei werden Schrauben und Speichen nachgezogen und kontrolliert, ob es keine Defekte gibt. Letztlich ist das vermeintliche Schnäppchen des Versenders oft teurer als das Rad vom örtlichen Händler.

Und woran erkennt man einen guten Händler beziehungsweise Verkäufer? Im Idealfall sollte der Berater selbst ein Reiserad fahren, wenn Sie eines kaufen möchten. Manche Verkäufer sind begeisterte Mountainbiker, wissen aber von den spezifischen Anforderungen für Reiseräder wenig. Vorsicht ist geboten, wenn der Verkäufer einfach die vorhandenen Räder anpreist, obwohl sie von der Größe nicht passen oder eine andere Ausstattung als die gewünschte haben. Ein guter Verkäufer sollte vor seiner Empfehlung ihre Körpermaße erfragen oder sogar messen: Außerdem sollte er fragen, was Sie mit dem Rad vorhaben, z. B., ob Sie es nur auf guten Straßen und Radwegen bewegen wollen oder ob es auch für Schotterpisten geeignet sein soll.

Und was macht einen guten Käufer aus? Offen bleiben. Sich also nicht auf bestimmte Hersteller oder Ausstattungen versteifen, weil man darüber mal etwas Gutes gelesen oder gehört hat. Signalisieren, dass Sie nicht alles besser wissen, sondern um Rat fragen – und den auch annehmen.

Beim Fachhändler ist der Preis verhandelbar, fünf Prozent Rabatt sollten drin sein. Eine Möglichkeit ist auch, beim Listenpreis zu bleiben und als Zugabe Gepäcktaschen und eine Luftpumpe zu vereinbaren. Nehmen wir an, diese Teile haben einen Verkaufspreis von € 130, dann gibt der Händler sie lieber dazu, als € 100 Rabatt aufs Rad zu gewähren, weil sein Einkaufspreis der Teile geringer als € 100 ist. Und drücken Sie bitte nicht zu sehr den Preis – der Händler will auch leben und bietet außerdem Service an. Wie gesagt: unter Umständen Lenker, Sattel und anderes tauschen gegen geringe Aufpreise oder gratis. Insbesondere bei Lenker und Sattel merkt man meist erst nach einigen Kilometern, ob sie geeignet sind oder nicht.

☺ **Extra-Tipp:** Sich bei der Preisverhandlung am Schluss einverstanden erklären z. B. mit dem Zusatz: „Aber statt der montierten Reifen möchte ich Schwalbe Marathon Racer und die leichten Schwalbe-Schläuche haben.“ So sparen Sie noch ein wenig Geld und (je nach Originalreifen unterschiedlich) ein halbes Kilo Gewicht. Der Händler kann die Originale verkaufen, die Vereinbarung dürfte ihn finanziell nicht schmerzen ...

☹ Was schäbig ist: Sich bei einem Händler beraten zu lassen, dort eine Probefahrt zu machen und dann das gleiche Rad im Internet ein paar Euro billiger zu kaufen. Pfui!

Wie viel Geld ausgeben?

Klar, man will sich etwas Tolles gönnen. Oder muss eisern sparen und möchte möglichst wenig ausgeben. Beides kann teuer werden: Womöglich stellt man fest, dass Radreisen doch nicht so schön sind wie erhofft und das fast neue 2.500-Euro-Rad lässt sich nur mit € 1.000 Verlust wieder verkaufen – oder gammelt im Keller vor sich hin.

Womöglich steht auch nach 5.000 Kilometern fest, dass es etwas Sportlicheres, Bequemeres oder gar ein Liegerad sein soll. Manche Käufer waren vom hochpreisigen Rahmen nach Maß enttäuscht worden, weil sie sich doch nicht darauf wohlfühlten, und es gibt solche, die die Rohloff-Nabenschaltung ohne sie vorher zu probieren gekauft hatten – und das Rad dann kurz darauf umgetauscht haben.

Deshalb sollte man zu Anfang nicht zu viel ausgeben. Über € 2.000 sollte man nur mit Erfahrung investieren und dem Wissen, dass man das Rad lange nutzen wird. Andererseits: Die Haltbarkeit wird zum Problem, wenn man beim Kauf zu sehr spart. Dann sind Verschleißteile wie Schaltung und Tretlager recht schnell hin – es muss nachträglich wieder investiert werden und das billige Rad wird summa summarum teuer.

Mein Rat: Bei unter € 500 wird an der Qualität gespart – oft gerade an Teilen, die man nicht sieht wie das Tretlager. Für € 700 bekommt man ein gut ausgestattetes Rad, das auch lange hält. Ab € 1.000 kann man sehr hochwertige Komponenten erwarten. Die Angaben gelten mit Starrgabel:

Gute Federgabeln sind teuer und treiben den Preis in die Höhe. Dazu später mehr.

Einsatzgebiet und Radtypen

„Was ist das beste Reiserad?“ wird oft gefragt. Die Antwort lautet: Es kommt darauf an. Und zwar auf den Einsatzzweck, das Gewicht des Fahrers und seinen Geldbeutel.

Was wollen Sie mit dem Rad machen? Nach China fahren? Dann muss alles möglichst stabil sein. Wer jedoch in Europa und nah der Zivilisation unterwegs ist, kann ruhig etwas weniger robustes Material nehmen. Wobei vieles leicht und robust ist – und mit wenig Gewicht auch das Rad weniger belastet.

Doch zurück zu Fernreisen: Ein dafür genutztes Rad sollte 26 Zoll große Räder haben, denn außerhalb Europas und englischsprachigen Ländern ist für die bei Trekkingrädern üblichen 28-Zoll-Räder oft kein Ersatz zu finden. Das gilt auch für abgelegene Gegenden in Skandinavien. Wobei sich andererseits im Fall der Fälle in den Industrieländern über Versender und Paketdienste innerhalb weniger Tage Ersatz beschaffen lässt. Auch bei kleinen Menschen sind sie sinnvoll: Bei kleinen Rahmen steigt nämlich bei 28-Zöllern die Chance, dass es beim Lenken Begegnungen zwischen Fußspitze und Vorderrad gibt, bei 26 Zoll ist der Abstand etwas größer.

Die im Vergleich stabileren 26-Zoll-Räder sollte man außerdem wählen, wenn man oft auf schlechten Wegen oder im Gelände fährt. Und auch bei einem hohen Fahrergewicht. Falls der Einsatzort immer relativ gut ausgebaute Fahrradwege oder Straßen sind, ist ein Rad mit 28-Zoll-Reifen eine gute Wahl: Der Geradeauslauf ist etwas besser und es ist schneller. Egal, welche Radgröße man nimmt: Das Zentrieren und Spannen der Speichen ist Handwerkskunst. Wenn dies nicht stimmt, können auch Edelfelgen und -speichen brechen. Deshalb die Räder eventuell vor der Tour einem Fachmann zum Check geben.

Wichtig: Bei den folgenden Gewichtsangaben der Hersteller sollte man bedenken, dass die vor allem von der Ausstattung abhängt: Schon der Verzicht auf einen Kettenkasten sowie der Wechsel auf andere Reifen und

Schläuche kann 1,5 kg bringen (☞ Kapitel „Rad erleichtern“ ab S. 35). Es kann durchaus sinnvoll sein, sich ein schweres Rad zu kaufen, wenn Rahmen, Sitzposition und viele Ausstattungsdetails überzeugend sind (und der Händler vor Ort ist) und es dann leichter zu machen. Das sollte man im Einzelfall durchrechnen.

Das T 900 von der VSF Fahrradmanufaktur ist ein schnelles Trekkingrad mit Rohloff-Antrieb. Hier abweichend von der Serie unter anderem mit leichteren Bremsen, Sattel und Gepäckträger.

Produktbeispiele für Trekkingräder (28 Zoll-Felgen) mit Straßenausstattung (Licht, Gepäckträger, Schutzbleche, Pedale):

▷ *Bergamont, Vitess 4.0 Gent*, **14,3 kg**, € 700
▷ *Breezer, Liberty 1S+*, **15,5 kg**, € 1.200
▷ *Cube, Kathmandu*, **14,5 kg**, € 1.700
▷ *Diamant, Ubari Esprit*, **16,8 kg**, € 900
▷ *Gudereit, Premium 11.0 Evo*, **16,8 kg**, € 1.400

- ▷ *Kalkhoff, Endeavour*, **16,3 kg**, € 1.000
- ▷ *KTM, Life Tour 30S LX*, **16,9 kg**, € 1.400
- ▷ *Maxx, Crossmaxx 650 B*, (Felgengröße 27,5 Zoll), **15,9 kg,** € 3.700
- ▷ *Pegasus, Solero Disc*, **17,3 kg**, € 800
- ▷ *Poison, Chromat*, **13,9 kg**, € 1.880
- ▷ *Rose, Black Lava*, **14,2 kg**, € 2.000
- ▷ *Simplon, Spotlight XTX*, **14,8 kg**, € 1.750
- ▷ *Stevens, Sovereign*, **14,8 kg**, € 3.400
- ▷ *VSF Fahrradmanufaktur, T-900 Rohloff*, **15,3 kg**, € 2.300
- ▷ *Winora, Louisiana*, **16,7 kg**, € 900

Einige Hersteller haben spezielle leichte Modelle im Programm. Bei manchen Firmen sind es leicht abgespeckte Versionen (Starrgabel, leichtere Reifen) und sie kosten entweder das gleiche oder sogar weniger als die besser ausgestatteten Modelle. Andere Hersteller lassen sich Leichtbau gut bezahlen, statten die Räder jedoch auch mit teuren Teilen wie Karbongabel (zu Karbon mehr im Kapitel „Rahmen"), Titan-Gepäckträger oder Ähnlichem aus.

Produktbeispiele (28 Zoll-Felgen):

- ▷ *Bergamont, Sweep MGN EQ*, **12,8 kg**, € 2.000
- ▷ *Pegasus, Premio Superlite Disc*, **13 kg**, € 1.400
- ▷ *Rose, Multistreet 3*, **12 kg**, € 1.700
- ▷ *Stevens, 6x Lite Tour*, **13,5 kg**, € 1.000
- ▷ *Winora, Aruba*, **13,5 kg**, € 700

Bei wenigen Herstellern lässt sich die Konfiguration wählen. Vergleicht man eine bestimmte Ausstattung mit einem Großserienrad, mit nahezu ähnlichen Teilen, ist das Großserienrad oft etwas günstiger. Andererseits lässt sich bei den „custom-made" (also individuell hergestellten) Rädern sparen, indem man sich auf eine bestimmte Ausstattung beschränkt oder bereits vorhandene Teile nutzt und sie selbst anbaut.

Beispiele:

- ▷ *Maxcycles Monza*, Ausstattung konfigurierbar, mit Straßenkit ab **10 kg**, Preis je nach Ausstattung

- ▷ *Patria*, diverse Räder
- ▷ *Rotor,* diverse Räder

26-Zöller haben jedoch etliche Vorteile: Die Räder sind kleiner und stabiler, die Reifen bei ähnlicher Breite leichter. Außerdem ist weltweit die Ersatzteilversorgung eher für 26-Zöller gesichert. Wer eine Weltumradlung vorhat, kauft sich normalerweise ein 26-Zoll-Rad. Früher gab es nur für diese eine breite Palette an MTB-Reifen – doch mit den „29"-MTB nun auch für 28-Zoll-Felgen. „29" ist eigentlich falsch, denn auch diese Reifen haben Innendurchmesser von 28 Zoll, sind jedoch voluminös.

Produktbeispiele für 26-Zoll-Räder:

- ▷ *VSF Fahrradmanufaktur, T-400 Rohloff,* **17,5 kg**, € 2.300
- ▷ *Patria, Terra*, **17,5 kg**, ab € 1.800
- ▷ *Norwid, Skagerrak*, Gewicht und Preis je nach Ausstattung
- ▷ *Rose, Red Bull Activa I*, **14,4 kg**, € 1.450
- ▷ *Böttcher, Expedition*, **18,3 kg**, € 2.900
- ▷ *VSF Fahrradmanufaktur, TX-400*, **18,3 kg**, € 2.900
- ▷ *Velotraum,* diverse Modelle

Randonneur

Auf einem klassischen Reiserad sitzt man relativ sportlich und es hat einen Lenker ähnlich wie beim Rennrad. Vor 25 Jahren erschien das Buch „Das Reiserad" von Ulrich Herzog – auf dem Titel ein Foto eines Randonneurs (☞ 📷 S. 57). So sahen damals fast alle Reiseräder aus – und sie kommen wieder in Mode: „Gravelbikes" werden sie genannt und es gibt auch aus dem Geländesport Cyclocross stammende Räder, die zum Reisen gut geeignet sind.

Für schnelle Fahrer, die sich auf Straßen bewegen und die Sitzposition angenehm finden, sind solche Räder erste Wahl. Die Lenker haben viele Griffmöglichkeiten, das entlastet Arme und Hände. Sind oben am Lenker kleine Zusatz-Bremsgriffe angebracht, lässt sich die Fahrrad aus zwei Griffpositionen verzögern. Im Gelände sind Sitzposition und Lenkerform eher ungünstig – aber Feldwege lassen sich auch mit Randonneuren befahren. Im

Vergleich zum Rennrad ist die Sitzhaltung nicht ganz so stark geneigt, der Lenker breiter und die hinteren Kettenstreben zum Rad sowie der Radstand länger. Außerdem gibt es Befestigungsmöglichkeiten für Gepäckträger und Schutzbleche.

Ich vermute, dass die Randonneure durch Trekkingräder ersetzt wurden, weil mehr Radwege entstanden sind – die sind meist unebener als Straßenränder, ab und an kommen auch matschige Stellen oder grobe Unebenheiten z. B. durch Baumwurzeln, die die Fahrbahn anheben. Trekkingräder sind vielseitiger, Randonneure spielen ihren Gewichts- und aerodynamischen Vorteil nur auf Straßen aus.

Randonneure haben fast immer 28-Zoll-Räder, es gibt auch Exoten mit 26 Zoll. Die sind sozusagen die eierlegende Wollmilchsau unter den Reiserädern.

Produktbeispiele:

- ▷ *Norwid, Skagerrak Randonneur,* Gewicht und Preis je nach individueller Ausstattung
- ▷ *Hardo Wagner, Tracer* (Stahlrahmen), Gewicht und Preis je nach Ausstattung
- ▷ *Patria, Randonneur* (als 28- und 26-Zoll-Version auch mit Rohloff-Nabenschaltung erhältlich)
- ▷ *Surly, Long Haul Trucker* (mit 26- oder 28 Zoll-Rädern), je nach Ausstattung
- ▷ *VSF Fahrradmanufaktur, T 900 Randonneur*, **13,5 kg**, € 1.300

Cyclo Cross und Gravelbike

Cyclo Crosser sind sozusagen geländegängige Rennräder mit 28-Zoll-Rädern. Manche haben Rennrad-Schaltungen, andere die robusteren und damit für die Reise empfehlenswerteren Trekking-Schaltungen. Diese haben auch eine Gangabstufung, mit der man besser steile Steigungen hochkommt. Im Vergleich zu Rennrädern sitzt man aufrechter, die Felgen und Reifen sind breiter und stabiler. Mit einem entsprechenden Vorbau (Verbindung zum Lenker) lässt sich die Sitzposition höher und damit langstreckentauglicher einrichten. Cyclo Crosser sind die erste Wahl für Leute, die ein möglichst leichtes Rad suchen und flott unterwegs sein wollen!

Doch nur wenige Cyclo Crosser haben Befestigungsmöglichkeiten für Schutzbleche, Licht und Gepäckträger. Gravelbikes haben meist eine komfortablere Sitzposition und sind eher auf Straßenfahrten und Feldwege ausgelegt.

Produktbeispiele:

▷ *Rose, Team DX Cross Randonneur*, **ab 10,7 kg** (ohne Schutzbleche, Licht, Gepäckträger), € 2.149

▷ *Trek, Crossrip I*, **11,1 kg** (ohne Schutzbleche, Licht, Gepäckträger), € 1.100

▷ *Bulls, Daily Grinder*, **11,5 kg**, € 1.750

Fitness-Bikes

Eine ähnliche Alternative sind „Fitness-Bikes", die ohne Straßenausstattung (Schutzbleche und Beleuchtung) verkauft werden, meist eine Federgabel und stets 28-Zoll-Räder haben. Wer mit der meist relativ „sportlichen" Oberkörperhaltung zurechtkommt, kann sich ein „Fitness-Bike" zum Reiserad ausstatten.

☞ Beachten Sie: Dafür sollten Halterungen bzw. Ösen für Schutzbleche, Gepäckträger, Trinkflaschen und Dynamo vorhanden sein.

Liegeräder

Diese haben die Vorteile einer bequemen Sitzposition, gute Rundumsicht und sie sind windschlüpfrig. Nachteile sind hohe Preise, relativ hohes Gewicht, geringe Geländegängigkeit und Schwierigkeiten beim Transport, weil sie sperrig sind. Es gibt Liegeräder mit zwei Rädern oder drei (Trikes) in unterschiedlichen Größen. Diese Fahrradform ist ein Sonderfall – oder sagen wir besser: sind Sonderfälle, weil es so viele verschiedene Typen gibt. Deshalb möchte ich hier nicht näher darauf eingehen, das würde den Rahmen des Buches sprengen.

Probefahrt Voraussetzung

Egal, für welches Rad man sich entscheidet: Vor dem Kauf sollte grundsätzlich eine möglichst lange Probefahrt auf unterschiedlichen Fahrbahnen gemacht werden. In der Theorie kann vieles passen, was in der Praxis doch nicht der Fall ist. Z. B. wollte ich mir einen Cyclo Crosser kaufen – nach 20 Minuten Probefahrt hat mein Rücken deutlich „Nein!“ gesagt. Der Lenker war deutlich niedriger als der Sattel. Außerdem hat mir die Schalt-/Bremshebelkombination nicht gefallen. Schade, denn das Rad war spritzig und leicht.

Deshalb kann auch die Bestellung eines edlen Maßrades zur Enttäuschung werden. Gemessen werden kann viel – es kann sein, das die Sitzhaltung und die Ausstattung doch nicht passen.

Bei der Vielzahl der Fahrradmodelle ist es zum Teil schwer, ein passendes für eine Probefahrt zu finden. Vorbildlich ist die deutsche Traditionsfirma Patria, die qualitativ hochwertige Räder herstellt: Auf der Homepage (www.patria.net) sind alle Händler verzeichnet und über eine Suchfunktion lässt sich herausfinden, wer gerade welches Modell vorrätig hat – samt Rahmengröße und Ausstattung.

Rahmen

Wenn klar ist, was es für ein Fahrradtyp sein soll, ist die zweite Entscheidung fällig: Das Material des Rahmens: Karbon, Aluminium und Stahl stehen zur Wahl – einige Exoten bestehen sogar aus Titan.

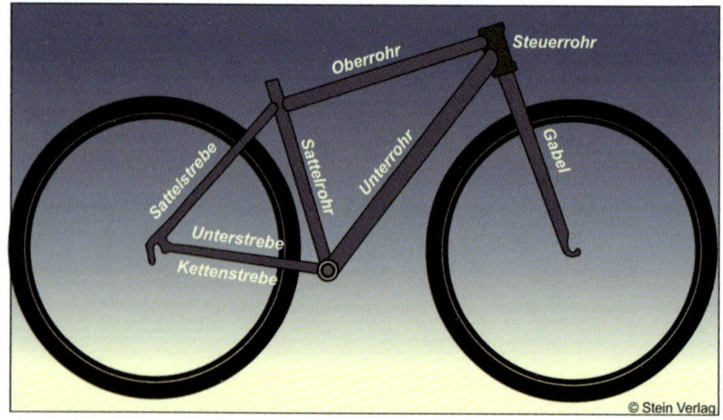

Es gibt Fans von Stahl- und Aluminiumrahmen. Gemeinhin heißt es, Stahl sei komfortabler, Alu sei hart. Eigentlich kann ich das nicht glauben – wieso soll Stahl federn? Allerdings erscheint mir mein Reiserad mit Stahlrahmen auch komfortabler als mein Alu-Stadtrad – wobei bei dem Komfort-Eindruck Reifen, Sattel und der Glauben auch eine Rolle spielen ...

Zum Gewicht: Es gibt schwere und leichte Rahmen aus Stahl oder Aluminium. Tendenziell ist ein Stahlrahmen bei vergleichbaren Eigenschaften jedoch etwas schwerer.

Bevor wir ins Detail gehen, kommen wir zuerst zum teuren Karbon. Es ist leicht, hat aber gravierende Nachteile, deshalb rate ich von diesem Material ab: Die Eigenschaften von Karbon hängen sozusagen von der Richtung ab. Zum Vergleich: Mit einem stabilen Seil kann man ein Auto ziehen, aber nicht schieben. Und seitlichen Druck verträgt es auch nicht. Das Seil besteht aus Fasern – Karbon auch.

Harz hält die Fasern zusammen, beides wird bei hohen Temperaturen „gebacken". Und da ist bei der Fertigung Sorgfalt wichtig: Rahmen werden in Handarbeit gebaut.

Weitere Nachteile: Karbon muss sorgfältig und genau montiert werden. Sorgfältig heißt: Drehmomentangaben und die Montagehinweise genau beachten. Man benötigt also einen Drehmomentschlüssel, um Schrauben exakt mit der richtigen Kraft anzuziehen. Muss man den auf Tour mitnehmen, ist ein Teil des Gewichtsvorteils schon wieder weg. Vor allem muss darauf geachtet werden, dass man niemals mit dem Werkzeug abrutscht und Schrammen oder tiefe Kratzer verursacht. Das Bruchverhalten von Karbon ist anders als das von Aluminium. Wenn Fasern im Karbon brechen, kann sich dieser Bruch immer weiter vorarbeiten. Aus einem kleinen Riss wird ein großer Riss, der zu einem Bruch führen kann. Das Gemeine: Normalerweise wird Karbon dabei nicht verformt. Oft befindet sich der Bruch an der Rohrinnenseite, von außen ist nichts zu sehen. Bis zum plötzlichen Riss sieht man keinen Schaden.

So ein Schaden kann z. B. entstehen, wenn ein Rad umfällt und mit dem Oberrohr gegen den Pfosten eines Verkehrsschildes prallt – ein alltäglicher Unfall. Weiteres Beispiel aus dem Alltag: Speichenbruch, deshalb eine

„Acht“ im Rad, der Reifen schleift an der Kettenstrebe – bei Alu oder Stahl ist normalerweise nur der Lack ab, Karbon kann geschädigt sein.

Materialbrüche gibt es auch bei Überlastung und bei Ermüdung. In der Zeitschrift „Mountain Bike“ (Ausgabe 4/2009) wird der Geschäftsführer des renommierten Prüfinstituts EFBe zitiert. Manfred Otto sagt zwar: „Im hoch angesetzten Ermüdungsbruch versagt jeder zweite Alu-, aber nur jeder siebte Karbonrahmen.“ Hoch bedeutet, dass die Belastung hoch war. Bei Überlastung können die Rahmen allerdings sehr plötzlich brechen. Weiter reagiert das Material Karbon empfindlich auf Druck. Das ist insbesondere bei Lenkern wichtig: Werden sie mit zu hohen Kräften verschraubt, wird das Material geschädigt.

Es gibt zwar nur wenige Berichte über Schäden oder Rahmenbrüche und bei hochbelasteten Mountainbikes wird das Material schon häufig verwendet. Trotzdem rate ich derzeit aus den genannten Gründen: Finger weg von Karbon! Schöne Fotos von gebrochenen Karbon-Radteilen gibt es hier:

www.bustedcarbon.com

Exkurs: Materialkunde Karbon

Faserverstärkte Kunststoffe werden bereits seit Längerem erfolgreich im Sportgerätebau eingesetzt. Dazu gehört auch Karbon. Die mögliche Steifigkeit und Festigkeit ist sehr hoch, gilt aber nur in der Faserrichtung, während die Festigkeits- und Steifigkeitswerte bei Metallen in allen Richtungen gleich sind. Außerdem müssen die Fasern untereinander abgestützt werden („Matrix“). Dazu können Kunststoffe eingesetzt werden, bei Fahrradrahmen meist Epoxydharz. Epoxydharz und andere Kunststoffe sind nicht sehr fest. Die Fasern müssen deshalb an bestimmten Stellen in mehreren Richtungen gelegt werden. Dadurch wird der Gewichtsvorteil geringer. Außerdem muss der Kräfteverlauf in einem Rahmen präzise bekannt sein, da überall da, wo eine Kraft auftritt, die Verstärkungsfasern in der richtigen Menge und in der richtigen Richtung gelegt werden müssen.

Besonders im Bereich des Tretlagers oder am Steuerrohr (z. B. beim Wiegetritt!) wirken Kräfte aus unterschiedlichen Richtungen ein. Karbonfasern sind spröde, deshalb werden Rahmen oder Lenkern Aramidfasern (also Kevlar) beigefügt, die nicht sofort brechen.

Ich vermute jedoch, dass Karbon sich durchsetzen wird: Die Berechnungsmethoden für die Belastungen im Rahmen werden verfeinert, ebenso Fertigung und Materialmischung. In Faserlängsrichtung ist Karbon bis zu sechsmal steifer als Aluminium. Künftig werden wahrscheinlich immer mehr Räder Karbonteile haben und das Material wird alltagstauglicher werden. Ähnlich war übrigens die Entwicklung beim Aluminium: Die ersten Rahmen aus diesem Material neigten zu Brüchen, deshalb hatten sie zuerst einen schlechten Ruf. Heutzutage werden spezielle Legierungen verwendet, das Schweißen wurde perfektioniert und die Materialstärke exakt abgestimmt (mehr zu Karbon bei „Rad erleichtern“, Lenker und Sattelstütze).

Damit sind wir beim mittlerweile gebräuchlichen Rahmenmaterial Aluminium. Es hat eine geringere Dichte im Vergleich zu Stahl und man muss, um eine genau so hohe Stabilität zu erreichen, mehr Material nehmen, wobei man fast auf das gleiche Gewicht wie beim Stahl kommt. Der Vorteil von Stahl gegenüber Alu und Karbon: Wenn Karbon bricht, muss man es wegwerfen. Wenn Alu bricht, ist eine Reparatur selten möglich. Stahl kann besser geschweißt werden – wobei das in Internetforen oft zitierte „macht jeder Dorfschmied!“ falsch ist: Die Wandstärken bei Rahmen sind so dünn, dass der Dorfschmied wahrscheinlich einen Riss zu einem Loch vergrößert.

Für welches Material man sich auch entscheidet: Eine lange Herstellergarantie ist ein gutes Zeichen, denn Rahmenbrüche sind zwar selten, es gibt sie jedoch. Ich kann mich noch genau daran erinnern, dass mir bei Marburg in einer langgestreckten Kurve bei einem sportlichen Rad bei flotter Fahrt der Stahlrahmen praktisch auseinanderfiel: Ein Rohr brach plötzlich vor dem Tretlager, damit klappte der Stahlrahmen unten auseinander. Mit Glück und einer schnellen Reaktion konnte ich einen schweren Sturz vermeiden. Dass genau dort ein Bruch auftrat, ist nicht ungewöhnlich: Der Bereich ums Tretlager wird bei jedem Tritt mal von rechts, mal von links belastet. Das kann Ermüdungsbrüche geben – ähnlich wie bei einem Draht, den man oft ein klein wenig nach oben und wieder nach unten biegt.

Auch die Stiftung Warentest meldete Rahmenbrüche, als Trekkingräder für um die € 500 unter die Lupe genommen wurden (Hefte 5/04 und 5/09, im Internet sind sie kostenlos abrufbar). Aber es gab noch andere Defekte an Lenker, Vorbau und Sattel – dazu im Kapitel zu den einzelnen Bauteilen mehr.

Wenn die Schweißnähte sauber und regelmäßig sind, ist das ein gutes Zeichen. Es kann jedoch durchaus sein, dass darunter nicht so sauber geschweißt ist, gar Löcher im Material sind. Außerdem gibt es große Schwankungen bei der Produktion.

Kommen wir zum Gewicht. Gehen folgende Gleichungen auf? Schwerer Rahmen = hält lange und leichter Rahmen = bricht eher. Tendenziell stimmt dies, aber es hängt viel vom Material und der Verarbeitung ab. Es gibt außerdem leichte Stahlrahmen und schwere Alurahmen – die Kunst des Rahmenbaus macht den Unterschied. Für viele Radler ist die filigranere Optik des Stahlrahmens ein Kaufargument. Rost ist nur selten ein Thema. (Zur Produktion von Stahl- und Alurahmen gibt es auf der Homepage der Firma Fahrrad Gruber einen interessanten Artikel, ☞ Linkliste S. 122)

Ein Rahmen ist grundsätzlich nicht dauerfest – wobei die Lebensdauer stark von der Belastung abhängt. Ein 100-kg-Athlet, der immer mit viel Power und oft im Wiegetritt unterwegs ist, belastet sein Rad zirka fünfmal mehr als der ambitionierte Normalfahrer mit 80 kg Körpergewicht. Fahrer, die Schlaglöcher und Bodenunebenheiten „aussitzen", statt aus dem Sattel zu gehen, belasten die Sattelstütze mit bis zu 400 kg.

Der Bruchgefahr von Rahmen, Sattel, Rädern und Vorbau kann man selbst entgegenwirken durch materialschonendes Fahren. Sprich: Bordsteine möglichst nicht hochfahren oder dabei die Gabel entlasten. Extremen Wiegetritt bei Steigungen vermeiden, lieber einen Gang runterschalten. Auf Holperstrecken langsam fahren und Steinen oder Ähnlichem ausweichen – oder schieben. Bei Hindernissen kurz die Belastung des Sattels verringern, also „mitfedern". Und wir sind wieder beim Gesamtgewicht: Ein geringeres Gewicht bedeutet weniger Belastung.

Titan als Rahmenmaterial lassen wir hier beiseite – zu selten und sehr teuer.

Gabel

Die Gabel ist das am höchsten belastete Bauteil des Fahrrads. Und wenn das Gabelschaftrohr oder eine Gabelscheide bricht, ist ein schwerer Sturz unvermeidlich. Gabeln aus Aluminium wiegen ungefähr zwischen 600 und 1.100 g, solche aus Karbon ab 350 g. Bei Stahl geht es bei ungefähr 900 g los. Die Firma Velotraum empfiehlt: „Bis zu einem Systemgewicht von 130 kg (Fahrer, Rad und Gepäck) können Alugabeln mit einem Gewicht von 800 g verwendet werden, darüber hinaus empfehlen wir unsere mit 1.350 g äußerst solide Stahlgabel.“ Lassen wir die Aussage mal so stehen – der Hersteller hat einen guten Ruf und 25 Jahre Erfahrung.

Ich rate von Federgabeln und gefederten Hinterrädern ab. Grund: Mehrgewicht, Wartungsaufwand und Defekte. Außerdem sind sie auf ebener Strecke „Energieabsorber“ (und Federgabeln sollten deshalb Lockout-Schalter haben, damit man sie feststellen kann). Billige Federgabeln sind mittlerweile günstiger als starre Gabeln, doch sie taugen nicht viel: Insbesondere bei Rädern unter € 800 sind meist minderwertige Federgabeln verbaut, die schlecht ansprechen – besseren Komfort bringen die kaum, vor allem nicht auf Dauer. Das hat sich mittlerweile bei manchen Kunden herumgesprochen, die eine Starrgabel verlangen – viele Hersteller bieten deshalb das gleiche Radmodell mit und ohne Federgabel an.

Eine gewisse Federung erreicht man schon über die richtige Sitzposition: Ist die Haltung und Gewichtsverteilung nach vorn geneigt, lassen sich grobe Stöße durch leichtes Falten der Arme und kurze Belastung der Pedale und damit Entlastung des Sattels entschärfen. Arm- und Beingelenke „federn“ sozusagen.

Feinere Stöße können auch durch bestimmte Reifen, leicht gepolsterte Griffe und Handschuhe etwas gefiltert werden (☞ im Kapitel Reifen S. 47).

Wer dennoch nicht auf eine Federung verzichten möchte, kann eine gefederte Sattelstütze verwenden. Aber vorher ausprobieren! Nicht jeder mag das etwas schwammige Sitzgefühl. Wichtig ist ein geschmeidiges Ansprechen, sonst wirkt sie nur bei groben Unebenheiten. Der Nachteil der gefederten Sattelstütze ist neben höherem Gewicht, dass im Vergleich zur gefederten Hinterradschwinge das Rad samt Gepäck ungefedert bleibt. Außerdem wird der Tritt unrund, weil die Sattelstütze ein- und ausschwingt. Bei Stößen ist das Ansprechverhalten vor allem bei billigen Exemplaren meist nicht gut. Hochwertige Produkte sind z. B. die Cane Creek Thudbuster LT mit 76 mm Federweg. Zum Vergleich: Eine ungefederte Aluminium-Sattelstütze wiegt bei 25 cm Länge knapp 200 g, bei 35 cm rund 260 g.

Produktbeispiele:
- ▷ *Airwings, Evolution 425*, **620 bis 740 g**, € 135
- ▷ *Cane Creek, Thudbuster LT*, **570 g**, € 160
- ▷ *Humpert Ergotec, SP 8-1*, **630 g**, € 110
- ▷ *Humpert Ergotec, PM-705N*, **612 g**, € 110
- ▷ *Sitting Bull, Crazy Bull*, **700 g**, € 100

Bei den Gabeln mit zwei Tauchrohren gibt es verschiedene Systeme für Federung: Stahlfeder, Stahlfeder/Elastomere, Stahlfeder/Elastomere/Öl, Luftdruck. Die Alternative sind „Headshock“-Systeme. Sie haben eine Federung im Lenkkopfbereich und sind leichter (ab ungefähr 1.250 g) als Gabeln mit zwei Federelementen in den Standrohren (ungefähr 1.200 bis 1.500 zu 2.400 g). Letztere bieten jedoch mehr Federweg: grob 40 mm zu 100 mm. Wobei auf Straßen und Radwegen die 40 mm gut spürbar sind. Nicht jede Headshock-Gabel lässt sich einstellen. Mit anderen Worten: Bei schweren oder leichten Fahrern funktionieren diese Modelle nicht optimal. „Headshock“-Gabeln verbaut unter anderem Cannondale (Tesoro 1). Bei Gabeln mit zwei Tauchrohren gibt es enorme Qualitäts-, Gewichts- und Preisunterschiede. Die Angebote ändern sich, Hersteller bieten oft neue Gabelmodelle an. Sinnvoll ist ein Lockout, um die Gabel bei glatten Straßen und bergauf sperren zu können. Dort ist die Federung unnötig und erschwert das Fahren, weil ein Teil der Tretenergie in das Zusammendrücken der Feder investiert wird.

Produktbeispiele Headshock:

▷ *RST, M 7 Single Shock*, 28 Zoll, **1.200 g,** € 180

▷ *RST, M 6-T Single Shock*, 26 Zoll, **1.260 g**, € 210 (Vorspannung einstellbar)

Produktbeispiele Gabeln mit zwei Tauchrohren:

▷ *RST, Vogue Air*, **1.650 g**, € 270

▷ *RST, Volant*, **2.750 g**, € 130

▷ *Rock Shox, Reba SL*, 26 Zoll, **1.600 g**, € 360

▷ *Rock Shox, Paragon Gold RL Solo Air*, **2.080 g**, € 280

▷ *SR Suntour, Swingshock*, 28 Zoll, **1.400 g**, € 160

▷ *SR Suntour, NRX E LO-R-lite*, 28 Zoll, **2.060 g**, € 280

Sattel und Sattelstütze

Sättel wiegen zwischen ungefähr 100 und 900 g. Im Bereich zwischen 200 und 450 g gibt es viele stabile Modelle. Die Preise bewegen sich von € 20 bis 300 – ich fahre unter anderem mit einem 130-Euro- und einem 10-Euro-Sattel, die beide bequem und langlebig sind. Der Sattel ist für Tourenradler eines der wichtigsten Bauteile. Passt er nicht zum Hintern, kann das zum Abbruch der Fahrt führen. Insbesondere schwere Fahrer sollten darauf achten, ein stabiles Exemplar zu wählen. Mir sind schon bei zwei Sätteln die Aufnahmerohre gebrochen. Allerdings konnte ich noch nach einer Notreparatur weiterfahren. Vor einem Radurlaub sollte jeder Sattel mindestens an zwei aufeinanderfolgenden Tagen mit 70 oder mehr Kilometern getestet werden: Manches Exemplar ist nur auf kurzen Strecken bequem. Mehr dazu in den Kapiteln „Ergonomie“ und „Fahrrad erleichtern“.

Die Sattelstütze nimmt enorme Kräfte auf. Extremer Leichtbau kann zu Brüchen und damit Verletzungen oder Stürzen führen. Ich hatte Stützen, die den Sattel mit nur einer Schraube gehalten haben – und die ist mir mehrmals gebrochen. Deshalb empfehle ich, nur Sattelstützen zu benutzen, die den Sattel mit zwei Schrauben festklemmen. Weiter sollte man zwar eine ausreichend lange Sattelstütze nehmen, die mindestens 10 cm (oder bis zur Markierung) im Sitzrohr steckt. Eine zu lange wiegt nur unnötig viel: Es gibt Sattelstützen von 25 bis 50 cm Länge. Beim Kauf unbedingt darauf achten, dass der Durchmesser zum Sitzrohrdurchmesser passt (meist 27,2 oder 31,6 mm). Und bei der Montage die Stütze etwas fetten, sonst gibt es Kontaktkorrosion und sie lässt sich nicht mehr lösen.

Produktbeispiele:

- ▷ *Ergotec, Hook Evolution*, 400 mm, **364 g**, € 35
- ▷ *Ritchey, Comp 2 Bolt*, 400 mm, **295 g**, € 50
- ▷ *Shannon, Hardcore*, 500 mm, **375 g**, € 150
- ▷ *Xtreme (Rose Versand), Xtreme Pro Double Bolt Racing*, 300 mm, **272 g**, € 24
- ▷ *Rose, Race Attack SP-63 S*, 250 mm, **220 g**, € 27

Antrieb

Zur Wahl stehen Ketten- und Nabenschaltungen. Der Vorteil der Kettenschaltungen ist ihr verhältnismäßig geringes Gewicht, der niedrige Preis und die gute Ersatzteillage. Nachteile: schmutz- und wasserempfindlich, man sollte wissen, wie man sie einstellt und beim Transport kann die Schaltung am Hinterrad schnell beschädigt werden.

☺ **Tipp:** Unbedingt einen kleinen Metallschutzbügel beim Schaltwerk montieren.

Die gängigen Kettenschaltungen stammen von Shimano. „Altus“, „Alivio“, „Deore“, „Deore LX Trekking“ und „Deore XT“ heißen sie unter anderem im Trekkingbereich (Qualität in der Reihenfolge ansteigend). Die sündhaft teure XTR-Schaltung für Mountainbiker ist etwas leichter – aber unverhältnismäßig teuer. Die billige „Alivio“-Gruppe wird auch an Trekkingrädern verbaut und ist qualitativ ausreichend. An Randonneuren und Cyclocrossern sind auch Rennradschaltungen zu finden, meist die „Tiagra“ oder „105“ von Shimano.

Eine Gruppe besteht aus Schaltwerk, Kette, Ritzel, Tretlager, Naben, Bremsen und Bremshebeln.

Vorsicht: Viele Räder sind „Blender". Das Schaltwerk ist z. B. ein „Deore XT" und hat einen entsprechenden Schriftzug. Das fällt dem Käufer auf, der davon ausgeht, dass ein Rad mit „Shimano XT"-Ausstattung vor ihm steht. Der Rest besteht oft aus minderwertigeren und billigeren Teilen von Shimano: Tretlager und Kurbel, Bremsen, Schalt- und Bremshebel und Naben.

Meine Meinung: Bei der Kettenschaltung reicht eine „Deore" völlig. Bei stark verschlissener Schaltung wird der Wirkungsgrad schlechter: Der Kraftaufwand beim Treten steigt ein wenig. Es handelt sich also um ein Verschleißteil, das vergleichsweise häufig ersetzt werden muss. Empfehlung: Lieber in Rahmen, Bremsen, Sattel, Gepäckträger und andere langlebige Ausrüstungsteile investieren.

Hintergrund: Bei Shimano werden Details der besseren Komponenten nach „unten" weitergegeben. Eine „Deore LX" von heute ist ganz grob (!) gesagt auf dem gleichen Niveau wie eine „Deore XT" vor zehn Jahren.

Der weltweit einzige Konkurrent bei Kettenschaltungen, SRAM, hat die „Dual Drive"- und „Via"-Schaltungen auf den Markt gebracht. Doch der Marktanteil ist sehr gering.

Bei den Nabenschaltungen gibt es die verhältnismäßig preiswerten Nexus und Alfine (beide Achtgang) sowie eine Alfine mit elf Gängen. Sie haben alle eine relativ geringe Spreizung, das heißt, die Übersetzung zwischen kleinstem und größtem Gang ist nicht allzu hoch. Das bedeutet, dass am Berg oft mindestens ein kleinerer Gang fehlt, bergab ein größerer. Auch sind die Abstufungen zwischen den Gängen unregelmäßig. Darüber hinaus gelten die Achtgang-Schaltungen als nicht allzu langlebig. Besser darauf verzichten!

Eine teure Alternative – je nach Ausführung um die € 1.000 – ist eine Rohloff-Nabenschaltung. Die 14 Gänge haben eine Spreizung wie bei den 27-Gang-Kettenschaltungen. Die Nabe gilt als unverwüstlich, die Schaltung ist wartungsarm, aber nicht wartungsfrei: Ein Ölwechsel jährlich oder alle 5.000 km wird vorgeschrieben (Materialkosten rund € 15), und die

Kette muss auch ab und an geölt und gewechselt werden. Sie ist allerdings langlebiger als bei Kettenschaltungen, weil stabiler und stets gerade laufend. Außerdem ist die Beschädigungsgefahr der Rohloff-Nabe beim Transport im Vergleich zur Kettenschaltung geringer. Ein weiterer Vorteil stellt sich bei vielen Fahrern im Alltag ein – auch bei mir: Weil man mit der Rohloff sehr bequem schalten kann, schaltet man öfter und ist damit viel häufiger im passenden Gang. Das macht das Fahren wiederum leichter. Nachteil: Sie wiegt ungefähr 300 g mehr als eine Kettenschaltung (je nach Ausführung der Rohloff und je nach Kettenschaltung mal etwas mehr, mal weniger). Wenn sie kaputt gehen sollte, hilft meist nur der Versand ins Werk nach Kassel. Seit 2010 sind auch Pinion-Getriebe auf dem Markt, die von ehemaligen Porsche-Ingenieuren entwickelt wurden. Sie werden im Tretlagerbereich eingebaut und benötigen spezielle Rahmen. Es gibt verschiedene Varianten, das empfehlenswerte Modell P 1.18 wiegt circa 1,5 kg mehr als eine Kettenschaltung. Ähnlich ausgestattete Räder kosten mit dieser vollgekapselten Schaltung rund € 1.300 mehr. Sie hat 18 Gänge, die feiner abgestuft sind als bei der Rohloff (11,5 % zu 13,8 %). Für Reiseradler halte ich die Abstufung bei der Rohloff aber für fein genug. Pinion baut mittlerweile eine Produktfamilie mit zwei unterschiedlichen Qualitätslinien und unterschiedlicher Gangzahl. Es gibt noch nicht viele Erfahrungen von Vielfahrern mit einer Pinion – aber die Firma gibt 5 Jahre Garantie.

Es gibt auch Mischungen: vorn mehrere Kettenblätter mit Umwerfer, hinten Nabenschaltung und Kettenspanner. Meine Meinung: Vereint die Nachteile beider Systeme – Finger weg!

In diesem Buch geht es um das leichte Fahren. Das ist nicht nur vom Gewicht, sondern auch vom Fahrwiderstand abhängig. Deshalb sei erwähnt, dass die Leichtgängigkeit beim Schalten und Fahren von der Verlegung der Schaltzüge und auch des Pflegezustands abhängt. Vor allem die Kette sollte sauber und geölt sein sowie bei entsprechendem Verschleiß gewechselt werden.

Rad erleichtern

Mit den folgenden Tipps können Sie gleich beim Kauf mit dem Händler den Einbau leichterer Teile vereinbaren. Das gilt auch für Serienräder: Ein Wechsel auf andere Reifen, Bremsen oder einen anderen Sattel ist mit wenig Arbeitsaufwand möglich. Das ist wichtig, weil es den meisten Händlern egal ist, welchen Sattel sie einbauen, wenn der Einkaufspreis ungefähr gleich hoch ist. Und für den Wechsel auf teurere Modelle kann man einen Aufpreis vereinbaren. Was ihnen jedoch finanziell wehtut ist die Arbeitszeit. Weil sie teuer für den Händler ist, lohnt es sich manchmal, das selbst zu machen. Die alten Anbauteile können – wenn sie hochwertig sind – oft gut verkauft werden.

☺ **Extra-Tipp:** Kontrollieren Sie insbesondere bei individuell angefertigten Rädern, ob die Bauteile mit der Bestellung übereinstimmen.

Doch bevor sie jetzt ein bis drei Monatsgehälter für ein neues Rad ausgeben, sollten sie sich erst mal ihr bisheriges Rad anschauen. Wenn Sie sich darauf wohlfühlen, ist es sinnvoll, sich die exakte Rahmengröße für Neuanschaffungen zu notieren.

Das sind folgende Maße:

▷ Abstand Mitte Tretlager bis Oberkante Sitzrohr (Rahmenhöhe),

▷ Abstand Mitte Sitzrohr waagerecht bis Mitte Steuerrohr (das ist die Rahmenlänge. Bitte unbedingt waagerecht messen, bei abfallenden Oberrohren stimmt sonst das Ergebnis nicht),

▷ Abstand Sattelende bis Lenker.

Allerdings gibt es weitere Maße: zum Beispiel der Winkel des Sitzrohres, die Höhe des Steuerrohres, der Winkel der Gabel und mehr. Die Daten des passenden alten Rades sind also nur eine grobe Grundlage für einen Neukauf. Mehr im Kapitel „Ergonomie“.

Sollten die Verschleißteile in gutem Zustand sein, können Sie sich möglicherweise eine Neuanschaffung sparen. Bauen Sie Teile aus, die Sie eventuell ersetzen wollen, und wiegen sie nach (manches lässt sich einfach im Internet recherchieren.)

Bremsen

Zwei Typen gibt es: Felgenbremsen und Scheibenbremsen.

Felgenbremsen

Cantilever-Bremse

Bei den Felgenbremsen werden meist Cantilever- oder V-Brakes verbaut. Die V-Brakes kann man daran erkennen, dass die Zugführung seitlich ist. Bei den Cantilever-Bremsen setzt der Zug oberhalb der Reifenmitte an. Selbst gute Cantilever-Bremsen mit leichtgängigen Schaltzügen und passender Bremsbelag-Felgen-Kombination funktionieren bei gleichem Kraftaufwand schlechter als V-Brakes. Der Vorteil von Cantilever-Bremsen: Direkt über dem Reifen ist kein Bremsarm. Sie sind auch bei Matsch noch funktionstüchtig, bei V-Brakes kann sich eher der Dreck stauen – deshalb hatten Mountainbikes früher oft Cantilever- und heute fast nur noch Scheibenbremsen, aber bei Straßenrädern sind V-Brakes noch weit verbreitet.

☺ **Extra-Tipp:** Nutzen Sie V-Brakes mit sogenannten Cartridge-Bremskörpern. Damit wird bei Verschleiß des Gummis nur dieser ausgetauscht und nicht der gesamte Bremskörper. Das spart Geld, ist umweltfreundlich – und, wenn Sie Ersatz-Bremsbeläge auf die Fahrt mitnehmen, auch Gewicht.

Bei den Bremsen gibt es schwerere und leichtere. Bedenkenlos können sie folgende Modelle verwenden (Gewichtsangaben gelten für ein Paar vorn und hinten):

Cantilever-Bremsen:

▷ *Avid, Shorty 4*, **380 g**, € 26
▷ *Avid, Shorty 6*, **315 g**, € 85
▷ *Tektro, Oryx*, **310 g**, € 25
▷ *Tektro, CR 720*, **252 g**, € 38
▷ *Shimano, BR-CX50*, **350 g**, € 60

V-Brakes:

▷ *Avid, Single Digit 7*, **370 g**, € 50
▷ *Avid, Single Digit SL*, **330 g**, € 80
▷ *Shimano, Deore LX-BR-T 670*, **375 g**, € 36
▷ *Shimano, Deore XT BR-M 780*, **330 g**, € 50 (Die Shimano XTR wiegt 400 g und kostet rund € 100 – lohnt sich nicht.)
▷ *Tektro, TRP M730*, **320 g**, € 36

Bremshebel (Paar):

▷ *Avid, Speed Dial Digit 7*, **180 g**, € 30
▷ *Avid, Speed Dial SL*, **150 g**, € 60
▷ *Avid, FR-5*, **155 g**, € 13
▷ *Tektro, Titan TRP ML930*, **160 g**, € 120

Von Magura gibt es hydraulische Felgenbremsen namens „HS 11“ und „HS 33 R“. Vorteile zu V-Brakes: Geringerer Kraftaufwand, gute Dosierbarkeit auch bei starkem Bremsen und den Ruf, wartungsarm zu sein. Nachteile: Zwei Paar HS 33 R mit Brake Boostern wiegen mit rund 900 g rund 300 g mehr als die Kombination aus Deore-XT-Bremsen und Avid-FR-5-Bremsgriffen. Außerdem sind sie mit rund € 180 teurer. Die Bremsdosierung ist allerdings besser.

Gibt es in exotischen Ländern einen Defekt, kann bei hydraulischen Bremsen die Ersatzteilversorgung schwierig werden. Und haben die Hydraulikschläuche ein Loch, wird es unangenehm.

Hydraulische Felgenbremsen haben etwas mit Cantilever- und V-Brakes gemeinsam: Sie verschleißen die Felge, die irgendwann durchgebremst ist. Deshalb gilt: Möglichst vorausschauend und materialschonend fahren. Die Bremse nicht leicht schleifen lassen, sondern lieber ab und zu kräftig bremsen. Das besonders bei längeren Passabfahrten. Da ist auch mal eine kurze (Foto-)Pause sinnig. Grund: Die Felge wird beim Bremsen erhitzt, damit die Luft im Reifen, der Reifendruck steigt, der Schlauch kann platzen.

V-Brakes

Der Verschleiß von Felgen und Belägen steigt rapide bei Fahrten durch Sand oder Schlamm, beide wirken wie Schmirgelpapier. Deshalb die Durchquerung tiefer Pfützen vermeiden und die Felgen sowie Beläge regelmäßig reinigen – z. B. mit einem Lappen, der mit etwas Spiritus getränkt ist. Benutzt man auf Reisen einen Spirituskocher, hat man die Flüssigkeit sowieso dabei.

☺ **Extra-Tipp:** Vielfahrer sollten sich überlegen, ob sie nicht Felgen mit Keramikbeschichtung kaufen. Die sind teurer, aber haltbarer als unbeschichtete Alu-Felgen. Die Bremsen benötigen dann allerdings spezielle Keramik-Beläge.

Scheibenbremse

Ein Vorteil der Scheibenbremse ist, dass die Felge nicht verschleißt. Man benötigt für Scheibenbremsen jedoch spezielle Naben, weil seitlich an der Achse die Scheibe befestigt ist – dadurch werden das Rad und die Gabel

Die hydraulischen Felgenbremsen Magura HS 33 wiegen samt Hebel 810 g. Zum Vergleich: Die Cantileverbremsen Tektro TRP M920 320 g, mit Bremshebeln TRP ML930 (160 g) und Zügen also knapp 300 g weniger – und verzögern auch hervorragend.

beim Bremsen einseitig belastet. Die Gabel sollte daher besonders stabil sein. Gabeln und Hinterbau benötigen eine Scheibenbremsaufnahme. Es kann passieren, dass der Gepäckträger nicht mehr passt, weil die Scheibe oder die Kolben im Weg sind (☺ Tipp: Der Gepäckträger „Tubus Disco" wurde speziell für Räder mit Scheibenbremsen entwickelt).

Insbesondere nach Aus- und Einbau der Räder ist oft eine Justage fällig. Außerdem wird es kritisch, wenn die Scheibe einen seitlichen Schlag – z. B. beim Transport – erhalten hat und unrund geworden ist. Dann kann es auch zu Problemen bei der Ersatzteilversorgung kommen. Haben Gabel und Rahmen Aufnahmen für Scheiben- und Cantilever-Bremsen, kann unterwegs zur Not auf Cantilever-Bremsen umgerüstet werden. Man benötigt für Scheiben je nach Modell spezielle Bremsbeläge, auch das kann eventuell zu Ersatzteilproblemen führen. Also bei längeren Fahrten Ersatz mitnehmen. Beim leichten Dauerbremsen können sich die Beläge stark erhitzen und „verglasen" (dann sind sie unbrauchbar). Besser kräftig und kurz bremsen.

Scheibenbremsen gibt es kaum noch mit Seilzug, die meisten haben eine Hydraulikflüssigkeit – und die muss regelmäßig gewechselt werden, wenn es DOT-Bremsflüssigkeit ist. Dabei muss man die Herstellervorgaben beachten und die richtige Flüssigkeit wählen. Bei Magura-Scheibenbremsen sowie bei mit Mineralöl befüllten Scheibenbremsen gibt es keine Wechselintervalle.

Grobe Regel: Je größer die Scheibe, desto höher die Bremswirkung und desto höher das Gewicht. Vorteile haben Scheibenbremsen, wenn man oft durch unwegsames Gelände oder schlammige Wege fährt: Die Räder werden nicht durch Dreck zwischen Felge und Bremsbelag beschädigt. Und die Bremswirkung ist im Allgemeinen höher als bei V-Brakes.

Produktbeispiele Scheibenbremsen (Paar, komplett mit Griffen und Leitungen. Falls keine Bremsscheiben angegeben sind: 160 mm große wiegen je ungefähr 110 g, 180er circa 30 g mehr):

- ▷ *Avid, Code*, 820 g (inklusive 160 mm Bremsscheiben), € 512
- ▷ *Formula, C1*, **495 g**, € 150
- ▷ *Formula, R1*, **600 g** (inklusive 160 mm Bremsscheiben), € 340
- ▷ *Hayes, Prime Comp*, **550 g**, € 270
- ▷ *KSCN, Sector*, **560 g**, € 510
- ▷ *Magura, MT2 Carbotecture SL*, **730 g**, € 110
- ▷ *Magura, MT8*, **680 g**, € 320
- ▷ *Shimano, XT BR-M 8000*, **520 g**, € 180
- ▷ *Shimano, BR-M447 und BL-M506*, **600 g**, € 110
- ▷ *Shimano, BR-M315 und BL-M315*, **630 g**, € 50
- ▷ *Tektro, Auriga Pro*, **600 g**, € 180
- ▷ *Tektro, Gemini*, **730 g**, € 120

Welche Bremse wählen?
Mein Rat für Tourenfahrer: Schon günstige Scheibenbremsen haben eine Bremskraft im Bereich von V-Brakes und lassen sich besser dosieren. Außerdem sprechen sie bei Nässe sofort an und die Flanken der Felgen werden nicht abgerieben. Beim Gewicht sind V-Brakes jedoch erste Wahl, denn sie sind meist um die 200 bis 300 g leichter.

Felgen, Naben, Achsen, Schutzbleche, Kettenschutz, Reifen und Schläuche

Das Gewicht von Felge, Reifen und Schlauch zählt sozusagen mehr: Sie werden nämlich in Fahrtrichtung bewegt und zusätzlich in Rotation versetzt.

Felgen

Felgen unter 450 g sind nur für leichte Fahrer (unter 70 kg) geeignet. Wegen der Stabilität sollten Felgen mit 32 Speichen verwendet werden, bei hoher Belastung hinten 36. Von „Systemrädern“ mit wenigen Speichen ist abzuraten: zwar leicht, aber teuer, nicht langlebig und eine problematische Ersatzteillage.

Zum einen zählt das Gewicht von Felgen doppelt, weil das Gewicht nicht nur nach vorn, sondern auch in Rotation versetzt wird. Zum anderen sind Felgen heikle Teile: Verschleiß macht die Flanken dünner, Brüche und Risse können vorkommen – und häufig die klassische „Acht“. Das Gewicht lastet vor allem hinten, vorn kann eher auf Leichtbau gesetzt werden. In der Größe 26 Zoll gibt es eine sehr große Auswahl aus dem MTB-Sport.

Produktbeispiele 26-Zoll-Felgen:

- ▷ *DT Swiss, XR 425*, **425 g**, € 55
- ▷ *Extreme, SARI M-17*, **490 g**, € 25
- ▷ *Rigida, Sputnik*, **600 g**, € 30
- ▷ *Rigida, Andra 30* (speziell für Rohloff), **725 g**, € 32
- ▷ *Salsa, Gordo*, **630 g**, € 45
- ▷ *Mavic, XM 719*, **480 g**, € 50
- ▷ *Mavic, EX 721*, **590 g**, € 51

Produktbeispiele 28-Zoll-Felgen:

- ▷ *DT Swiss, RR 465* (Rennradfelge, nur relativ schmale Bereifung möglich), **465 g**, € 60
- ▷ *DT Swiss*, *TK 540,* **540 g**, € 63
- ▷ *Rigida, ZAC 19*, **610 g**, € 21
- ▷ *Rigida, X-Plorer*, **680 g**, € 21
- ▷ *Rigida, Andra 30* (speziell für Rohloff), **815 g**, € 32
- ▷ *Mavic, A 319,* **600 g**, € 34
- ▷ *Mavic, A 719*, **565 g**, € 56
- ▷ *Mavic, Open Pro* (Rennradfelge, nur relativ schmale Bereifung möglich), **435 g**, € 44
- ▷ *Xtreme (Rose Versand), SARI T-19 R*, **620 g**, € 27

Komplette Laufräder

Sie sollten vor allem sehr gut eingespeicht sein – auch sehr gute Komponenten taugen nichts, wenn die Speichenspannung unregelmäßig oder insgesamt zu groß oder klein ist. Deshalb ist es auch gut, dies insbesondere vor langen Touren vom Profi kontrollieren zu lassen. Das schützt auch vor Speichenbrüchen. Ein steifes Laufrad setzt die Tretenergie besser um, weil es sich nicht verformt.

Es gibt mehrere Spezialbetriebe für Laufräder – unter anderem die Profis von Whizz Wheels und Kompentix. Ein guter Laufradsatz kostet dort übrigens teilweise deutlich mehr als ein Komplettrad vom Baumarkt. Dies ist insbesondere vor Touren weit entfernt von Radläden eine gute Investition. Wobei das exakte Einspeichen ein Handwerk ist, dabei gibt es deutliche Qualitätsunterschiede. Und Arbeitszeit kostet Geld – also nicht einfach die Komponenten vergleichen und beim billigsten Anbieter kaufen.

Wer in Zentraleuropa unterwegs ist, kann bei Schäden die Felge gut in Läden oder per Versandbestellung ersetzen. Meist sind Defekte schleichend – auf feine Risse und Verschleiß achten.

Auf der Felgenseite werden die Speichen mit Nippeln gespannt, die es aus Messing oder Aluminium gibt. Die teureren aus Alu sparen pro Rad zwar etwa 16 g – ich rate trotzdem ab: Beim Nachspannen dreht man Alu leichter „rund" und Alu ist außerdem anfällig für Korrosion – insbesondere im Winter. Das gibt Probleme beim Nachzentrieren. Ich rate auch von weniger als 32 Speichen pro Rad ab – die wiegen zwar dann auch weniger, das Rad ist aber auch nicht so stabil. Gut sind dagegen konifizierte Speichen (sie sind in der Mitte dünner als außen: Sie wiegen weniger und halten länger, weil sie elastischer sind, z. B. „Race" von Sapim). Die 26-Zöller sind etwas leichter als 28-Zöller.

Produktbeispiele 26 Zoll:

▷ *Tune, Princess & Prince*, **1.270 g**, € 1.230 (Paar)

▷ *Whizz Wheels, DT 240 XR 4.2,* **1.710 g**, € 495 (Paar)

Produktbeispiele 28 Zoll:

▷ *Citec, Trekking Laufradsatz „Trekking X"* (nur 24 Speichen), **1.710 g** insgesamt, € 440

- ▷ *Shimano, Deore Nabe M-590, Rigida ZAC 2000 Felge*, **925 g** vorn, **1.160 g** hinten, € 75
- ▷ *Shimano, Deore 760 Nabe, Felge Mavic 317*, **1.038 g** (vorn)
- ▷ *Shimano, XT Nabe, Felge Mavic 319*, **970 g** vorn, **1.180 g** hinten, € 160
- ▷ *Shimano, XT 770. DT Swiss 7.1 Felge*, **1.143 g** (hinten)
- ▷ *Shimano, XT Nabe, DT Swiss Tk 540 Felge*, **950 g** vorn, **1.130 g** hinten, € 160

Naben

Gewichtsersparnis bei den Naben bedeutet, vergleichsweise viel dafür zu zahlen. Felgen sind Verschleißteile, aber teure Naben werden wiederverwendet und dafür muss die nächste Felge von Hand eingespeicht werden – was teuer ist. Für Fahrer mit vergleichsweise geringen Kilometerleistungen und Normalgewicht sind die Shimano XT Naben ausreichend, sie halten normalerweise länger als die Felgen.

Produktbeispiele:

- ▷ *DT Swiss, 350 Straightpull*, vorn **151 g**, hinten **271 g**, € 50/120
- ▷ *DT Swiss, 240s*, vorn **155 g**, hinten **280 g**, zusammen € 130
- ▷ *Hope, Pro III*, vorn **110 g**, hinten **260 g**, € 79/190
- ▷ *Shimano, XT HB-T 780* (vorne), **153 g**, *XT FH-T 780* (hinten), **383 g**, € 27/40
- ▷ *Shimano, Deore FH-M 615 Disc* (vorne), **185 g,** *Deore HB-M 615 Disc* (hinten), **372 g**, € 15/26
- ▷ *Shimano, XTR HB-M 985 Disc* (vorne), **140 g**, *FH-M 985 Disc* (hinten), **270 g**, € 120/190

Achsen

Achsen mit Inbus-Befestigung sind in der Handhabung etwas fummeliger im Vergleich zu Schnellspannern, aber deutlich leichter und preiswerter. Außerdem ist der Diebstahlschutz gleich mit eingebaut – Gelegenheitsdieben fehlt der Inbusschlüssel. Den sollte man jedoch stets dabei haben, um bei Reifenpannen gerüstet zu sein (☺ Tipp: den Schlüssel in einen Korken stecken, den etwas anpassen und unten in das Sattelrohr schieben. So lassen sich übrigens auch gut Ersatzspeichen unterbringen.)

Ob Achsen mit speziellen Sicherungssystemen da noch nötig sind? Ich meine: nein. Außerdem sind die schwerer als Inbus-Achsen und teurer. Und falls z. B. bei Pitlock-Achsen der Schlüssel verloren geht, muss man sich erst einen neuen besorgen – falls man noch die Codekarte für die Bestellung findet ...

Die Chance ist groß, dass man sich mit Sicherungssystemen wie Pitlock selbst ein Bein stellt: Geht der Spezialschlüssel verloren oder hat man ihn nicht dabei, ist ein Radwechsel unmöglich. Diese Chance ist bei Radtouren in ländlichen Gebieten deutlich höher als der Diebstahl eines Rades.

Steckachsen sind bei MTB häufig vorgesehen, bei Trekkingrädern noch selten.

Produktbeispiele (Paar):

- ▷ *Pitlock*, **120 g**, € 43
- ▷ *Inbus-Stahlachsen*, **82 g**, € 6

Schnellspanner (Paar):

- ▷ *Bontrager Titan*, **90 g**, € 60
- ▷ *DT RWS Stahl*, **98 g**, € 98
- ▷ *Shimano Deore*, **130 g**, € 14

Schutzbleche

Der Verzicht ist nur sinnig in Gegenden mit unbefestigten Wegen und viel Matsch – mit Schutzblech kann es dann „Verstopfungen" geben. Schutzbleche mit elektrischen Kontaktstreifen sind etwas teurer, aber trotzdem nicht so sinnvoll: Die Übergänge können korrodieren und sind Fehlerquellen für ausfallende Beleuchtung. Also lieber doppeladrige Kabel verwenden. Zu kurze Schutzbleche sehen sportlich aus und sind leicht, aber eine halbe Sache: Man wird trotzdem nass – und schmutzig. Insbesondere das vordere sollte möglichst tief nach unten ragen. Es lässt sich durch sogenannte Spoiler verlängern. Der von SKS wiegt in der empfehlenswerten breiteten Version (50 bis 60 mm) 31 g und kostet € 4.

Produktbeispiele für 28 Zoll (komplett vorn und hinten mit Schrauben und Streben):

- ▷ *Curana C'lite*, (40 mm), **390 g**, € 47
- ▷ *SKS Bluemels B35* (35 mm), **490 g**, € 25
- ▷ *SKS Chromoplastics P35* (35 mm), **560 g**, € 30
- ▷ *SKS Raceblade* (kurz, nicht empfehlenswert), **300 g**, € 34

Kettenschutz

Der offene *SKS Chainboard* 175 mm lang (€ 18) wiegt rund 500 g. Ein geschlossener Hebie Chainglider (€ 36) für Nabenschaltungen kommt auf 300 g. Leichter sind Plastik-Schutzringe vor dem vorderen Ritzel – sie wiegen unter 100 g, schützen aber lediglich die Hose. Nur der geschlossene Chainglider sorgt für eine längere Lebensdauer der Kette, weil weniger Staub, Dreck und Wasser daran gelangen.

Den Kettenschutz „Chainglider" gibt es für Nabenschaltungen als „geschlossene" Variante. Er wiegt rund 300 g und schützt die Kette vor Wasser und Dreck – ganz geschlossen ist er nicht! Ein Plastikring am vorderen Ritzel ist deutlich leichter, schützt aber nur die Hose vor Schmiere.

Reifen

Grobes Profil hat nur bei Matsch, feinem Schotter und Sand Vorteile. Die Nachteile: schlechterer Rollwiderstand und auf Straßen sogar schlechtere Haftung, weil nur wenig Gummi die Straße berührt. Gut ist bei profilierten Reifen ein durchgehender Steg in der Mitte, das bringt bei Geradeausfahrt auf der Straße Laufruhe. Breite und voluminöse Reifen bieten tendenziell mehr Federungskomfort als schmale, sind aber schwerer. Der Rollwiderstand spielt für leichtes Fahren auch eine Rolle, die Zeitschrift „Aktiv Radfahren" hat diesen ermittelt: Continental Sport Contact, Ritchey Speedmax, Continental City Contact und Geax Mezcal waren darin besonders gut (Heft 3/08). Der Rollwiderstand betrug in dem Test zwischen 23 und 36 Watt. Zum Vergleich: Bei 30 km/h muss man in der Ebene rund 160 Watt leisten (eine sehr grobe Angabe, hängt unter anderem vom Gewicht und stark vom Luftwiderstand ab).

Besonders gute Werte beim Durchstichtest haben Continental City Contact, Schwalbe Marathon Racer, Continental Travel Contact, Marathon XR, Vittoria Randonneur und Continental Travel Contact.

☺ **Mein Tipp:** Gute Kompromisse für vorwiegende Straßennutzung im Hinblick auf Preis, Gewicht, Rollwiderstand und Pannenanfälligkeit sind Schwalbe Marathon Racer, Continental Sport Contact und Vittoria Voyager Hyper. Wer nur auf der Straße fährt und etwas geringeren Pannenschutz und Lebensdauer verschmerzt, fährt mit dem profillosen Schwalbe Kojak schnell, leicht und preisgünstig.

Komfortabel sind voluminöse Ballonreifen – z. B. Schwalbe Big Apple und Continental City Contact. Sie dämpfen Stöße. Wer eine Federung haben möchte, sollte diese Reifen vor dem Kauf einer Federgabel oder gefederten Sattelstütze ausprobieren.

Beim Gewicht lässt sich sehr viel sparen: Zwei Marathon Racer wiegen im Vergleich zu den Marathon Plus rund 900 g weniger – dies bei schlechterem Pannenschutz, aber geringerem Rollwiderstand. Die Gewichtsersparnis erfolgt an einer Stelle, wo es doppelt zählt: Zum einen wird das Fahrrad und damit auch der Reifen nach vorn bewegt, zum anderen zusätzlich der

Reifen in Rotation versetzt. Eine Überlegung ist, vorn einen leichteren Reifen zu wählen – er wird geringer belastet und der Pannenschutz muss deshalb nicht so hoch sein wie hinten.

☺ **Extra-Tipp:** Manche Reifen gibt es in Falt- und Drahtversion. Draht bedeutet, dass in den Seitenflanken ein Draht eingearbeitet ist. Diese Reifen sind etwas günstiger im Preis, aber schwerer als Faltversionen. Beim Hersteller Schwalbe haben die Faltreifen meist eine bessere Qualität.

Produktbeispiele 28 Zoll (die Relationen sind bei 26 Zoll ähnlich, 26-Zöller sind aber generell etwas leichter):

- ▷ *Continental, Contact II*, 37 mm, **570 g**, € 31
- ▷ *Continental, City Ride II*, 37 mm, **740 g**, € 15
- ▷ *Continental, Contact Speed*, 37 mm, **520 g**, € 20
- ▷ *Continental, Top Contact II*, 37 mm, **590 g**, € 60
- ▷ *Kenda, Khan K 935*, 37 mm, **650 g**, € 10
- ▷ *Schwalbe, Big Apple*, 50 mm, **745 g**, € 33
- ▷ *Schwalbe, Big Apple Plus*, 50 mm, **1.100 g**, € 33
- ▷ *Schwalbe, Kojak*, 35 mm, **300 g**, € 22
- ▷ *Schwalbe, Marathon*, 37 mm, **680 g**, € 27
- ▷ *Schwalbe, Marathon Plus*, 37 mm, **910 g**, € 40
- ▷ *Schwalbe, Marathon Mondial Evolution*, 40 mm, **650 g**, € 55
- ▷ *Schwalbe, Marathon Racer Performance Line*, 35 mm, **465 g**, € 33
- ▷ *Schwalbe, Marathon Supreme*, 42 mm, **500 g**, € 50
- ▷ *Schwalbe, Smart Sam Performance*, 37 mm, **475 g**, € 27
- ▷ *Vittoria, Revolution Graphene Plus*, 37 mm, **620 g**, € 46
- ▷ *Vittoria, Randonneur Reflex*, 35 mm, **570 g**, € 31
- ▷ *Vittoria, Voyager Hyper*, 37 mm, **400 g**, € 46
- ▷ *Vredestein, Perfect Trek*, 37 mm, **720 g**, € 30
- ▷ *Vredestein, Perfect 4 seasons* (Allwetterreifen), 37 mm, **750 g**, € 47

Schläuche

Bei den Schläuchen lässt sich meiner Ansicht nach am einfachsten und günstigsten Gewicht sparen! Beispielsweise wiegt in der gängigen 28-Zoll-Größe der Schwalbe SV 18 Light 103 g, der Schwalbe SV 17 150 g. Der dünnere kostet mit € 7 nur € 1 mehr als der SV 17. Nachteil: Die Luft entweicht etwas rascher. Bei der Pannensicherheit habe ich mit dünnen Schläuchen bisher gute Erfahrungen gemacht. Die modernen Reifen haben fast alle eine hohe Durchstichfestigkeit. Und was dennoch durch die Lauffläche kommt, macht auch den Schlauch kaputt – egal ob der ein wenig dicker oder dünner ist. Bei drei Schläuchen – es ist auf einer längeren Tour sinnig, einen Ersatzschlauch für schnelle Wechsel zu haben – hat man also bei drei Exemplaren 140 g weniger dabei. Übrigens: Die meisten Pannen gibt es wegen Fahrfehlern (Bordstein mit Karacho hochfahren ...) und zu wenig Luftdruck.

Und viele Fahrer haben gleich zwei Pannen hintereinander: Die erste, wenn ein spitzer Gegenstand ein Loch in Mantel und Schlauch gebohrt hat, die zweite zehn Meter weiter – weil sie den spitzen Gegenstand nicht entfernt haben ...

Vorbau/Lenker/Bar Ends/Griffe

Vorbau & Lenker

Beim Lenker gibt es viele Formen und Gewichtsunterschiede: Gerade Stangen, gekröpfte (angewinkelte) Lenker, Multifunktionslenker und Rennlenker. Außerdem verstellbare Vorbauten.

Kommen wir zuerst zum Vorbau (das ist das Verbindungsstück zwischen Lenker und Steuerrohr): Den gibt es winkelverstellbar, oft serienmäßig. Ich rate von winkelverstellbaren Vorbauten ab: Die meisten Radler stellen den Vorbau sowieso nur einmal ein und belassen es dann dabei. Weitere Nachteile: Sie sind teurer, labiler und schwerer (um 100 g) als feste Vorbauten. Deshalb: Montieren Sie lieber einen festen Vorbau, der optimal zu ihrer Sitzposition passt.

Es ist jedoch andererseits sehr sinnvoll, mal aufrechter und mal gestreckter sitzen zu können. Zum einen ist auch die ergonomisch beste Sitzposition auf Dauer unangenehm, zum anderen ist bei schnellerer Fahrt ein stärker nach vorn gebeugter Oberkörper angenehmer. Außerdem ist dies bei starkem Gegenwind eine deutliche Erleichterung. Wer darauf Wert legt, sollte sich zwei Produkte näher ansehen: Den „Speedlifter“ und ein Vorbau-Lenker-System der Firma Syntace.

An vielen Rädern ist ein winkelverstellbarer Vorbau montiert. Mein Rat: Auswechseln gegen eine feste Variante. Sie ist leichter und stabiler - der winkelverstellbare Vorbau wird meist nur von einer Schraube gehalten. Eine mögliche Bruchstelle an einem hoch belasteten Bauteil.

Mit dem Speedlifter lässt sich der Lenker bis zu 14 cm nach oben verschieben. Vorteil: Der Winkel der Griffe bleibt gleich, es muss dafür nur eine Sicherungsschraube per Hand gelöst werden. Kosten: € 60 ohne Einbau. Der ist etwas kompliziert. Bei neuen Rädern sollten Sie den Speedlifter deshalb gleich mitbestellen, sonst kommen weitere Kosten wegen Arbeitsstunden hinzu. Nachteile des Speedlifters: Er wiegt 330 g, das macht um die 150 g Mehrgewicht im Vergleich zum festen Vorbau und er ist auch nicht ganz so stabil. Extrem hohe Belastungen des Lenkers sollte man vermeiden.

Die Firma Syntace bietet mit dem System „VRO" Vorbauten und Lenker an, bei dem man den Lenker halbkreisförmig verstellen kann. Das ist ein wenig aufwendiger als beim Speedlifter. Die Verstellung reicht um bis zu 4 cm nach vorn und 5 cm in die Höhe. Vorteile: sehr stabil, Gewicht kaum höher, Griffe bleiben in Position. Nachteil: mit über € 100 vergleichsweise teuer. Mit der Verstellung nach vorn lässt sich die Sitzposition besser anpassen als mit dem Speedlifter.

Eine beliebte und günstige Alternative ist der sogenannte Multifunktionslenker, an jeder Seite ist er wie ein liegendes „U" geformt. Will man aufrechter sitzen, kann man einfach in der „oberen Etage" greifen. Nachteile: etwas teurer und ungefähr 80 Prozent schwerer als ein normaler Lenker. Ich rate ab aus Sicherheitsgründen: Man hat die Hände nicht immer an den Bremsen. In einer Notsituation noch umgreifen zu müssen, kostet wertvolle Zeit.

☺ **Extra-Tipp:** Lassen Sie sich beim Radkauf die Gabel möglichst wenig oder ungekürzt einbauen, normalerweise werden sie mehr oder minder gekürzt, und zwar in dem Bereich, an dem der Vorbau angebracht wird. Das ist bei Großserienrädern allerdings nicht möglich, die sind ab Werk vormontiert. Dann lässt sich der Vorbau in unterschiedlichen Höhen montieren. So genannte „Spacer" (Abstandshalter) können unter oder über dem Vorbau montiert werden. So kann man die Lenkerhöhe mit einigen Minuten Bastelei verstellen.

Bar Ends

Sinnvoll sind sogenannte Bar Ends (= Lenkerhörnchen): Damit ist ein Wechsel der Sitz- und Griffposition möglich. Das macht zum einen die Fahrt angenehmer, zum anderen kann man bei starken Anstiegen mit Bar Ends den Lenker außen sicher greifen.

Es gibt Versionen, die wie ein auf dem Kopf stehendes „L" aussehen und zwei Griffpositionen erlauben. Ich empfehle eher die normalen, geraden Bar Ends. Sie sollten sich rutschsicher greifen lassen und wegen der besseren Ergonomie in Fahrtrichtung gesehen nach innen angewinkelt sein. Kurze Hörnchen reichen, sie sollten mindestens so lang wie die Handinnenfläche breit ist sein – plus einen Zentimeter.

Es gibt leichte und günstige Bar Ends, die trotzdem stabil sind. Welches Hörnchen passt, hängt von der individuellen Griffposition sowie der Handgröße ab. Ein guter Händler überlässt Ihnen mehrere zur Probe, wenn Sie sich für eines entscheiden. Eine Alternative sind Griffe mit eingebauten Bar Ends – dazu mehr unter „Griffe".

☺ **Extra-Tipp:** Wer – wie ich – die Bar Ends vor allem bei Gegenwind nutzt, sollte versuchen, sie innen am Lenker hinter den Bremsgriffes zu montieren. Der Luftwiderstand steigt im Quadrat zur Geschwindigkeit – bei starkem Gegenwind ist diese Sitzposition eine deutliche Erleichterung.

Produktbeispiele:

- ▷ *Humpert X-Act Evo 1* (Besonderheit: Winkel zum Lenker lässt sich über 15 Grad einstellen), **156 g**, € 35
- ▷ *Procraft, Superlite Bar Ends*, **60 g**, € 33
- ▷ *Procraft, Hyperends Pro Bar*, **165 g**, € 20
- ▷ *Ritchey, WCS Carbon Matrix*, **85 g**, € 80
- ▷ *Specialized, P2 Overendz*, **145 g**, € 30
- ▷ *Titec L-Bends* (L-förmig), **150 g**, € 18

Griffe

Es ist angenehm, für lange Touren auf ergonomische Griffe zu setzen, obwohl die mehr wiegen als ein dünner runder Standard-Griff (siehe Kapitel Ergonomie). Ich habe schon diverse Griffe ausprobiert. Ein zu Recht häufig empfohlener Hersteller ist Ergon. Die Firma bietet Griffe in verschiedenen Größen, Gewichtsklassen mit oder ohne integrierte Hörnchen an. Dies allerdings zu hohen Preisen.

Man hasst sie oder liebt sie – die Biogrip sind eine Ausnahme unter den ergonomischen Griffen. Sie haben normalerweise eine „Flosse“, auf der sich der Handballen abstützen lässt, das Handgelenk kann nicht abknicken und ist entlastet. Die Biogrip sind wie ein halber Football geformt, man hat eine „Kugel“ in der Handfläche. Ich mag sie – am Stadtrad. Biogrip lassen sich mit etwas Haarspray am Lenker fixieren. Dazu den Lenker im Griffbereich leicht einsprühen und den Griff aufziehen. Bei anderen Griffen sollte man darauf achten, dass sie eine Feststellschraube haben.

☺ **Extra-Tipp:** An Mountainbikes sollte man Griffe mit großen „Flossen“ nicht benutzen, weil man in kritischen Situationen den Lenker nicht so gut umgreifen kann.

Produktbeispiele (Gewichtsangabe Paar):

Griffe mit integriertem Hörnchen:

- ▷ *Contec, Tour Deluxe Pro* (kleine Hörnchen), 270 g, € 20
- ▷ *Ergon, GP3-L* (kleine Hörnchen), 260 g, € 55
- ▷ *Ergon, GP2-L* (lange Hörnchen), 325 g, € 65

- *Ergon, GC-3*, 402 g, € 60
- *XLC, Hitch GR-G16*, 280 g, € 20

Griffe ohne Hörnchen:

- *Cube, Pro*, **94 g**, € 23
- *Biogrip*, **184 g**, € 20
- *Ergon, GP 1 L Nabenschaltung*, **193 g**, € 28
- *Ergon, GA1 Evo*, **115 g,** € 25
- *Herrmans, Primergo DD14*, **165 g**, € 10
- *Procraft, Superlite*, **22 g**, € 7
- *Specialized, Contour XC*, **103 g**, € 20
- *XLC, GR-S07*, **93 g**, € 14

Griffe mit „Flossen" dämpfen Fahrbahnstöße ein wenig. Ihr Hauptvorteil liegt darin, dass sie helfen Handgelenkschmerzen zu vermeiden, weil das Gelenk nicht mehr abknicken kann. Sie wiegen allerdings mehr als leichte runde Griffe. Montiert ist hier der Ergon GP 1 L für Nabenschaltung (193 g), in der Hand ein Herman Primergo Flite für Nabenschaltung (160 g).

Lenker

Die Zeitschrift „Mountain BIKE“ hat schon mehrmals Karbonteile in Zusammenarbeit mit der darauf spezialisierten Firma EFBe getestet, Lenker z. B. in Heft 7/2009. Je drei Exemplare von fünf Lenkertypen wurden im Labor unter gleichen Bedingungen belastet, es gab bei der Dauerfestigkeit zwei Ausfälle (jedoch keinen Bruch), bei Überlast keinen. Manfred Otto von EFBe meint laut Mountain BIKE, dass bei Ermüdungsbeanspruchung Karbonlenker zum Teil besser als solche aus Aluminium sind.

Die Karbonlenker im Testfeld wogen samt Vorbau ab 300 g und kosteten als Kombination ab € 169. Zum Vergleich: Ein leichter Alu-Vorbau wiegt rund 130 g, ein Reiserad-Lenker aus Aluminium 240 bis 320 g – und das zu ungefähr der Hälfte des Preises. Zum einen ist der Gewichtsvorteil nicht groß, zum anderen hat Karbon in diesem Bereich besondere Nachteile: Der Vorbau muss genau zum Lenker passen, die Verbindung exakt passen.

☺ **Extra-Tipp:** Ein Rückspiegel sollte am Rad vorhanden sein, das ist ein wichtiger Beitrag zur Sicherheit. Man weiß dann insbesondere, wenn sich Lkw von hinten nähern und man dann den Lenker besonders fest hält oder leicht zum Straßenrand fährt, um Abstand zu halten. Außerdem dient der Rückspiegel auch als Kosmetikspiegel.

Produktbeispiel:

▷ Busch und Müller Cycle Star, 50 g, € 16

Sattel

Das Angebot an Sätteln ist unüberschaubar. Von der Optik sollte man auf keinen Fall auf die Bequemlichkeit schließen! Schmale, harte Sättel können auf Dauer bequemer sein als breite „Sofas“ (☞ Kapitel „Ergonomie“ S. 110). Es gibt Reiseradler, die auf Rennradsättel schwören. Und die wiegen oft nur um die 200 g. Einen festen Fankreis haben die Ledersättel von Brooks, die sich nach und nach dem Hintern ihres Besitzers anpassen. Sie benötigen allerdings Pflege (ein spezielles Mittelchen, das nach der Fahrt auch auf hellen Hosen zu sehen ist ...) und das Leder sollte vor Feuchtigkeit geschützt werden. Außerdem sind sie schwer – bis auf eine sündhaft teure

Bei Trekkingrädern werden serienmäßig oft verhältnismäßig weiche Sättel eingebaut. Oft ist eine härtere Variante auf langen Strecken bequemer. Ausprobieren! Der gezeigte Selle Royal Respiro Soft wiegt 485 g – es gibt viele bequeme Sättel, die weniger wiegen.

Titanversion. Brooks hat nun Sättel mit einer Gummiauflage entwickelt, auch die passt sich dem Gesäß an. Die Cambium genannten Sättel wiegen weniger als die Leder-Varianten und benötigen keine Pflege.

Eine Besonderheit sind die Sättel der Firma SQ-Lab, die es in verschiedenen Breiten gibt. Damit lassen sie sich entsprechend der persönlichen Gesäßknochenbreite kaufen. Auch Specialized bietet Sättel in verschiedenen Breiten an. Die Sattelbreite hängt vom Sitzknochenabstand ab – der hat nichts mit der Größe des Hinterns zu tun. Eine Faustregel gibt es beim Sattel: Je aufrechter man sitzt, desto breiter kann er sein.

Viele Sättel haben eine Aussparung, damit die Fortpflanzungsorgane des Mannes nicht gedrückt werden.

Es gibt auch spezielle Damensättel – Frauen haben tendenziell ein breiteres Becken. Damensättel können aber auch für Männer passen. Falls Sie einer sind: Scheuen Sie sich als Mann nicht vor dem Kauf eines Damensattels und umgekehrt – Sie müssen niemanden erzählen, dass Sie auf einem „fürs andere Geschlecht“ fahren.

Beim Sattel lässt sich leicht Gewicht sparen – es gibt Exemplare, die um 250 g wiegen. Andererseits brechen Sattelstreben vergleichsweise häufig – das ist mir schon mehrfach passiert.

☺ **Extra-Tipp**: Befestigen Sie die Sattelstütze nicht mit einem Schnellspanner, sondern einer Schraubverbindung. Die ist leichter und beugt Diebstahl vor.

Produktbeispiele:

▷ *Brooks, Swift* (152 mm breit), **500 g**, € 105
▷ *Brooks, B17 Aged* (175 mm breit), **525 g**, € 80
▷ *Brooks, C17 Cambium*, **420 g**, € 110
▷ *Fi'zi:k, Aliante Gamma* (142 mm breit), **260 g**, € 95
▷ *Ritchey, Pro Biomax*, **210 g**, € 55
▷ *Ritchey, Comp Skyline*, **310 g**, € 55
▷ *SDG, Bel Air RL*, **260 g**, € 100
▷ *SDG, Galaxy T-Alloy*, **280 g**, € 60
▷ *Selle Italia, Flite TM*, **240 g**, € 95
▷ *Selle Italia, X-2 Man* (135 mm breit), **270 g**, € 20
▷ *Selle Royal, Avenue Man*, **635 g**, € 30
▷ *Selle Royal, Comfort Holland*, **640 g**, € 14
▷ *Selle Royal, Comfort Manhattan*, **1.080 g**, € 40
▷ *Selle Royal, Performa Supra Anatomic*, **270 g**, € 70
▷ *Selle Royal, Comfort Respiro Soft Athletic*, **430 g**, € 70
▷ *Specialized, Expedition Gel*, rund **680 g**, € 35
▷ *Specialized, Henge Sport* (143 und 155 mm Breite), ca **320 g**, € 35
▷ *Terry, Fisio Men*, **300 g**, € 40
▷ *SQ-Lab, 603 Soft* (In drei Breiten erhältlich), rund **400 g**, € 50
▷ *SQ-Lab, 604 Air* (In drei Breiten erhältlich), rund **430 g**, € 70
▷ *SQ-Lab, 621 Airflow City Air* (In zwei Breiten erhältlich), rund **800 g**, € 60
▷ *SQ-Lab, 610* (in drei Breiten erhältlich), rund **340 g**, € 80
▷ *SQ-Lab, 611 Race TiTube* (in vier Breiten erhältlich, für sportlich-geneigte Sitzposition), **240 g**, € 120
▷ *Rose, Tour Comfort*, **300 g**, € 25

Taschen

Lowrider und Lenkertaschen müssen nicht sein: Als Walter Hamann (v. l.) in den 60er Jahren zu seiner Tour um die Welt startete, fuhr er vorn ohne Gepäck. In der Mitte Fotos aus dem Buch „Ich radle um die Welt" von Heinz Helfgen, der 1951 startete. Das Buch von Ulrich Herzog über Reiseräder zeigte 1995 in der 5. Auflage ein Randonneur auf dem Titelblatt – damals das Reiserad schlechthin, ein leichtes, schnelles Rad mit Rennlenker, aber größerem Radstand und aufrechterer Sitzposition als ein Rennrad.

Ein zünftiger Reiseradler hat vorn an der Gabel zwei Taschen befestigt, eine große am Lenker, zwei hinten am Gepäckträger und eine weitere obendrauf. Davon ist die Hälfte überflüssig. Jetzt werden Sie sicher zaghaft denken „aber den Platz brauche ich doch ...“. Nein, stimmt nicht! Als Walter Hamann zu den Olympischen Sommerspielen 1956 nach Melbourne gefahren ist, hatte er vorn keine Taschen am Rad. Und auch heute gibt es Fernreise-Radler, die „vorn ohne“ unterwegs sind.

Allein der Verzicht auf den Gabel-Gepäckträger samt Taschen bedeutet über 2 kg weniger Gewicht (Tubus Tara 550 g, Ortlieb Front Roller Classic

1.600 g). Hinzu kommt der Inhalt – zusammen sind es 10 kg. Wenn eine leichte und kompakte Ausrüstung gekauft wird, kann getrost auf den Lowrider verzichtet werden. Die € 130 für die genannte Kombination kann in eine leichte Ausrüstung investiert werden, die man z. B. auch beim Wandern nutzen kann.

Ein Nachteil hat der Verzicht auf Lowrider: Das Rad wird vorn verhältnismäßig leicht, bei starken Steigungen neigt das Vorderrad zum „Abheben". Da gibt es zwei Gegenmaßnahmen: zum einen auch hinten möglichst leichtes Gepäck verstauen, zum anderen, Wasserflaschen am Lenker und am vorderen Rahmenrohr befestigen (☞ Kapitel „Flaschenhalter" S. 62).

Ich empfehle auch, auf eine Lenkertasche zu verzichten. Sie haben ein sehr ungünstiges Verhältnis Gewicht zu Inhalt, sind teuer und liegen im Blickwinkel zum Vorderrad. Normalerweise wird auf der Lenkertasche die Karte oder das Smartphone/GPS-Gerät schön sichtbar in einer Schutzhülle befestigt. Die möchte man auf jeden Fall auch ohne Lenkertasche schnell zur Hand haben. Was tun?

Ein „Blick über den Felgenrand" bringt die Lösung: Beim Rose-Versand wird die Rahmentasche „Xtreme XL" angeboten, die mit Klettverschlüssen unter dem Oberrohr im vorderen Rahmenbereich angebracht ist. Sie wiegt nur 215 g und fasst ungefähr drei Liter. Da können Sie Geld, Wertsachen, Karte und noch einem Imbiss für die Tour unterbringen. Es passt sogar eine Literflasche hinein. Die Tasche wird mit einem Trageriemen geliefert und damit zur „eierlegenden Wollmilchsau": Damit lässt sie sich auch gut als Umhängetasche verwenden. Der Stauraum reicht für eine kurze Wanderung, und als Tasche z. B. beim schnellen Einkauf oder Museumsbesuch hat man stets alle Wertsachen dabei. Wenn man das Rad abstellt, kann man darin auch gut Tacho und gegebenenfalls das Navi mitnehmen.

Außerdem kann man mit dem Trageriemen der Rahmentasche während der Fahrt Gepäck auf dem Gepäckträger fixieren. Günstig ist die Tasche mit knapp € 11 auch noch. Bei sehr kleinen Rahmendreiecken passt sie eventuell nicht zusammen mit dort angebrachten Wasserflaschen hinein.

Kleine Makel: Sie ist nur spritzwassergeschützt und innen ist für eckige Gegenstände wie Karten maximal Platz bis zur Größe 13 mal 20 cm. Reißverschluss aufziehen, schon kann man eine Karte herausnehmen. Falls es im Rahmendreieck eng wird, gibt es kleinere Rahmentaschen als Alternative, z. B. von Deuter. Die haben jedoch ein schlechteres Gewicht-Inhalt-Verhältnis.

Wer seine Karte ständig vor sich haben möchte, kann sich auch einen Kartenhalter zulegen, z. B. Klickfix Sunny (190 g, € 18). Und fürs Smartphone bzw. GPS-Gerät gibt es spezielle Halterungen.

Produktbeispiele Rahmentaschen:

▷ *Xtreme, Rahmentasche Easy Bag XL*, 18 cm hoch, 42 lang und 7 cm breit, **220 g,** € 15

▷ *Deuter, Front Triangle Bag*, 13 cm hoch, 36 cm lang, 5 cm breit, **130 g**, € 19

▷ *Deuter, Triangle Bag* (hinten am Oberrohr befestigen) 26 cm hoch, 22 cm lang 5 cm breit, **130 g**, € 18

Es gibt vor allem zwei renommierte deutsche Hersteller: Ortlieb und Vaude bieten wasserdichte Taschen zu ähnlichen Preisen an. Die Modelle Back Roller Classic von Ortlieb und World Tramp von Vaude gibt es oft im Sonderangebot mit aufgedrucktem Logo von Outdoor-Händlern. Die Taschenserien der beiden Firmen haben austauschbare Halter (die können brechen), sind stabil und wasserdicht. Wer mit 28 l Volumen bei den Hinterradtaschen zurechtkommt, sollte sich die Dry Lites des Herstellers Arkel ansehen: Sie haben das beste Gramm-Volumen-Verhältnis.

☺ **Extra-Tipp I**: Bestimmte Tasche haben Zubehör, auf das zwecks Gewichtserleichterung verzichtet werden kann. Dies sind z. B. bei bestimmten Ortlieb-Modellen Innentaschen (je 60 g) und Trageriemen. Das sollte auch beim Gewichtsvergleich bedacht werden: Die City-Modelle werden ohne Innentaschen geliefert.

Produktbeispiele Hinterradtaschen (Angaben pro Paar):

▷ *Arkel, Dolphin 48* (48 l), **2.200 g**, € 240

▷ *Arkel, Dry Lites* (28 l), **540 g**, € 90

▷ *Brooks, Land's End Pannier* (48 l), **1.850 g**, € 240

▷ *Norco, Newport* (50 l), **1.900 g**, € 150

- ▷ *Ortlieb, Back Roller Classic* (40 l), **1.900 g**, € 110
- ▷ *Ortlieb, Back Roller Plus* (40 l), **1.680 g**, € 130
- ▷ *Ortlieb, Back Roller City* (40 l), **1.520 g**, € 80
- ▷ *Ortlieb, Back Roller Pro Plus* (70 l), **2.000 g**, € 200
- ▷ *Vaude, World Tramp* (42 l), **1.750 g**, € 90
- ▷ *Vaude, Aqua Back* (48 l), **2.100 g**, € 100
- ▷ *Vaude, Aqua Deluxe Pro* (50 l), **1.800 g**, € 140
- ▷ *Vaude, Road Master Back* (50 l), **2.000 g**, € 120

Produktbeispiele Vorderradtaschen (Angaben pro Paar):

- ▷ *Arkel, Dolphin 32* (32 l), **1.800 g**, € 210
- ▷ *Brooks, John O'Groats Pannier* (25 l), **1.800 g**, € 220
- ▷ *Ortlieb, Sport Packer Classic* (30 l), **1.750 g**, € 120
- ▷ *Ortlieb, Sport Roller City* (25 l), **1.210 g**, € 80
- ▷ *Ortlieb, Sport Packer Plus* (30 l), **1.680 g**, € 140
- ▷ *Ortlieb, Sport Roller Plus* (25 l), **1.440 g**, € 120
- ▷ *Ortlieb, Gravel-Pack* (25 l), **1.160 g**, € 120
- ▷ *Vaude, Aqua Front* (28 l), **1.580 g**, € 120
- ▷ *Vaude, Aqua Box* (48 l), **2.100 g**, € 100
- ▷ *Vaude, Road Master Front* (42 l), **1.730 g**, € 120

Sollten Sie doch eine Lenkertasche kaufen, sind die Modelle von Ortlieb, Vaude und Topeak qualitativ am besten. Die Topeak ist wasserdicht, am leichtesten und hat eine Kartentasche – Kauftipp.

Produktbeispiel (alle mit Klickfix-Schnellbefestigung):

- ▷ *Vaude, Aqua Box* (6 l, mit Kartentasche), **850 g**, € 80
- ▷ *Ortlieb, Ultimate 5 Plus L* (8,5 l), **700 g**, € 80
- ▷ *Topeak, Handlebar Drybag* (7,5 l, mit Kartentasche), **560 g**, € 70
- ▷ *Mainstream, CLS 55 MX* (8,8 l), **760 g**, € 45

Gepäckträger

Isomatte und Zelt lassen sich hinten längs auf dem Gepäckträger verstauen. Sie zusätzlich in eine Tasche zu verstauen ist eigentlich nicht nötig. Wer dies doch tun will, sollte sich von der Firma Sea to Summit eine Dry Bag kaufen. Sie gibt es in verschiedenen Größen, z. B. 20 l (61 cm lang, 25 cm Durchmesser, 120 g, € 16). Das Material ist robust, wasserdicht, und die Tasche lässt sich mit dem Klickverschluss sicher am Sattelrohr befestigen. Taschen aus schwererem Material (z. B. wiegt der Ortlieb Packsack in ähnlicher Größe M 380 g) sind nicht nötig, aber robuster.

Welchen Gepäckträger nehmen? Die Firma Tubus ist Marktführer und bietet ein Dutzend Modelle an – entweder aus Stahl oder leichtem Titan. Der „Cargo“ ist ein Klassiker. Die zum Sattel nach oben gebogenen Rohre an der Oberseite halte ich für ungünstig – das Gepäck rutscht gut verstaut nicht, die Streben können aber langfristig Löcher in Taschen bohren.

Dann lieber den Logo kaufen, bei diesem Modell lassen sich Taschen „eine Etage tiefer“ einhängen. Damit wird der Schwerpunkt des Rades etwas gesenkt. Beim sehr leichten Airy (Titan) ist dies ungünstig gelöst: Die Streben zeigen schon fast auf Höhe der Achse nach oben, deshalb rate ich von diesem Träger ab – außerdem muss die Gewichtsersparnis sehr teuer erkauft werden. Der Fly ist auf der Oberseite recht schmal und nur mit einer Strebe im Bereich des Sattelrohrs befestigt. Der Fly reicht bei leichtem Gepäck aus. Wer auf Nummer sicher gehen will, kauft den Vega. Für Räder mit Scheibenbremse gibt es den Disco, er ist im Bereich der Hinterradachse speziell geformt. Für die anderen Träger hat Tubus Zubehör im Programm, die dies auch ermöglichen.

☺ **Extra-Tipp:** Beim neuen Träger die Taschen an der optimalen Position befestigen. Dann den Träger dort mit ein, zwei Lagen Gewebeband schützen. Eventuell noch ein Stück alten Schlauch darunter befestigen. Sonst ist der Lack schnell weggescheuert. Ist der Träger aus Stahl, fängt er an zu rosten.

Produktbeispiele Hinterradgepäckträger (mit Befestigungsmaterial, wenn nicht anders angegeben):

▷ *Pletscher, Athlete 4b* (Tragfähigkeit laut Hersteller 25 kg), **650 g** (ohne Befestigungsmaterial), € 30

▷ *Racktime, Add-it* (Tragfähigkeit laut Hersteller 30 kg), **740 g**, € 60

▷ *Racktime, Light-it* (Tragfähigkeit laut Hersteller 20 kg), **570 g**, € 55

- ▷ *Tubus, Airy* (Tragfähigkeit laut Hersteller 25 kg), **353 g**, € 145
- ▷ *Tubus, Cargo Classic 28* (Tragfähigkeit laut Hersteller 40 kg), **680 g**, € 80
- ▷ *Tubus, Logo Classic* (Tragfähigkeit laut Hersteller 40 kg), **780 g**, € 90
- ▷ *Tubus, Fly Classic* (Tragfähigkeit laut Hersteller 18 kg), **408 g**, € 60
- ▷ *Tubus, Vega* (Tragfähigkeit laut Hersteller 25 kg), **600 g**, € 75
- ▷ *Xtreme, Grand Tour AL* (Tragfähigkeit laut Hersteller 25 kg), **890 g**, € 30

Flaschenhalter

An großen Rahmendreiecken lassen sich drei Halter für 1,5-l-PET-Flaschen, hier von Comus, und die Rahmentasche "Easybag XL" von Xtreme unterbringen.

Es werden viele Halter aus Karbon angeboten. Meist sind diese zwar deutlich teurer, aber nicht leichter als solche aus Kunststoff oder Aluminium. Wichtig ist grundsätzlich, dass die Flasche nicht klappert (das geht auf die Nerven) und nicht herausfallen kann. Außerdem muss sie zumindest bei einem der montierten Flaschenhalter gut greifbar und herausnehmbar sein, damit man während der Fahrt trinken kann. Meist ist dies der Halter am Sitzrohr. An diesem empfehle ich auch eine relativ kleine Flasche, aus der man gut trinken kann. Eine gute Lösung ist eine Flasche am Lenker. Unter anderem von Minoura gibt es dafür eine spezielle Halterung (45 g, € 8).

☺ **Extra-Tipp:** Im Supermarkt gibt es diverse Flaschen, die oben einen Schnellverschluss haben. Die sind samt Inhalt günstiger als „richtige“ Radlerflaschen und lassen sich nachfüllen. Innen bilden sich in Flaschen Keime, alle Flaschen sollte man deshalb ab und zu ersetzen oder gut spülen.

Wassertransport

Wer sich unterwegs Getränke besorgt, spart viel Gewicht. Falls es wenige Geschäfte gibt oder abseits der Zivilisation gecampt wird, sollte für Essen und Waschen etwas mehr Wasser mitgenommen werden. Es gibt spezielle Flaschenhalter, in die handelsübliche 1,5-l-PET-Flaschen passen. Wo kann man Flaschen montieren? Eine große 1,5-l-Flasche passt normalerweise gut unter (!) das Rahmenrohr auf Tretlagerhöhe. Eventuell fehlen dort Ösen für die Schrauben. Dann sind Adapter nötig. Eine weitere 1,5-l-Flasche passt oben auf das gleiche Rahmenrohr im Dreieck. Und ein weiterer aufrecht am Sitzrohr. Damit sind wir bei 4,5 l plus ein Liter am Lenker macht 5,5 l. Weil ich auf Lenkertasche und vordere Packtaschen verzichte, lassen sich dort an der Befestigung für den Lowrider noch zwei Flaschenhalter befestigen (allerdings benötigt man zurechtgeschnittene Metallstücke für die zweite Schraube). Das ist auch sinnvoll, weil sie den Schwerpunkt des Rades etwas nach vorn und unten verlagern. Weiter lassen sich bis zu zwei Literflaschen am Sattelgestell befestigen. Das macht zusammen über zehn Liter. Hat man eine Isomatte eingerollt auf dem Gepäckträger, lässt sich darin eine weitere 1,5-l-Flasche transportieren. Sinnig ist es jedoch, bei der Fahrt stets nur Wasser für Etappen mitzunehmen. Überlegen Sie vor dem Start, wo sie Frischwasser tanken können und nehmen sie nur soviel mit (plus Reserve), wie sie auf den Streckenabschnitten benötigen.

Für PET-Flaschen bis 1,5 l gibt es derzeit diese empfehlenswerten Halter:

▷ Minoura, Dura Cage, 150 g, € 17
▷ Topeak, Modula Cage XL, 125 g, € 14
▷ Comus, 131 g, € 10 (die Löcher für die Schrauben sitzen sehr weit unten, damit ist der Flaschenhalter vergleichsweise hoch angebracht. Oben kann man ein weiteres Loch bohren, dann hat man Befestigungsmöglichkeiten auf zwei Höhen)

Flaschenhalter für Einliterflaschen gibt es wie Sand am Meer. Zwei Modelle von Topeak bieten über eine Rändelschraube einen Verstellmechanismus, damit lassen sie sich auf verschiedene Flaschengrößen anpassen. Andere Modelle sind etwas flexibel im Bereich der Klemmung. Karbon lohnt sich nicht – die Gewichtsersparnis ist im Verhältnis zu den Mehrkosten nicht groß.

Produktbeispiele:
- ▷ *Topeak, Modula Cage*, **75 g**, € 10
- ▷ *Topeak, Modula Cage EX*, **52 g**, € 9
- ▷ *Tune, Wasserträger* (Karbon), **10 g**, € 28
- ▷ *Tacx, Tao*, **40 g**, € 10
- ▷ *Xtreme, Comp FH1*, **39 g**, € 4
- ▷ *Xtasy*, **38 g**, € 5

Pedale

Hier gibt es drei Varianten: normales Plattformpedal, Klickpedal und Käfigpedal. Das Plattformpedal überträgt die Kräfte nur nach unten. Weiterer Nachteil: Man kann abrutschen. Andererseits ist der Fuß auch völlig frei, falls man plötzlich hält. Klickpedal und Käfigpedal erleichtern das Radfahren sehr – man kann mit diesen nämlich den „runden Tritt“ praktizieren: Zum einen das sich aufwärts bewegende Pedal hochziehen, zum anderen schon recht früh beim Abwärtstreten etwas nach vorn gerichtet Kraft ausüben. Nachteil des Klickpedals: Es werden spezielle Schuhe benötigt, die ein „Cleat“ in der Sohle haben. Das ist die Verbindung zwischen Schuh und Pedal. Fast alle Klickpedale müssen mit solchen Schuhen gefahren werden. Es gibt sehr leichte Klickpedale. Je fester die Schuhsohle geformt ist, desto besser lässt sich mit Klickpedalen fahren. Das sollte man beim Schuhkauf beachten: Es gibt nämlich Schuhe, mit denen man auch recht gut gehen kann.

Die Verbindung Cleat-Pedal lässt sich unterschiedlich einstellen: zwischen schwer und leicht zu lösen. Will man die Verbindung zum Pedal trennen, dreht man den Fuß leicht waagerecht. Für Anfänger oder im Gelände ist es sinnvoll, auf „leicht“ einzustellen. Übrigens: Viele Umsteiger auf

Klickpedale fallen am Anfang mal um, weil sie beim Halten vergessen, dass Sie den Fuß nicht einfach so vom Pedal nehmen können.

Eine gute (aber recht schwere) Lösung für Reiseradler ist ein Kombipedal: eine Seite eine Einrast-Mechanik, die andere flach für Straßenschuhe. Das beugt auch unterwegs Problemen vor, falls es mal Defekte am Schuh oder Cleat gibt – dann kann man mit normalen Schuhen weiterfahren.

Käfigpedale gab es früher an jedem Rennrad: Eine Metall- oder Kunststoffkonstruktion befindet sich oberhalb des Schuhs, mit Bändern aus Leder oder Plastik kann man schnell die Schuhe darin verankern. Komplette Käfigpedale gibt es meines Wissens nur noch von Token. Es gibt jedoch Plattformpedale, die man mit Riemen und Käfigen ausrüsten kann – und gebrauchte Modelle. Vorteile der Käfigpedale: Sie sind leicht, verhältnismäßig preisgünstig, lassen sich mit allen Schuhen fahren und bei lockerem Riemen ist man schnell mit den Füßen runter vom Pedal.

Die Fahrt mit Klick- oder Käfigpedal erleichtert das Fahren deutlich – man sollte sich aber unbedingt den „runden Tritt“ angewöhnen. Und bei Pedalen lässt sich für wenig Geld relativ viel Gewicht sparen.

Produktbeispiele Plattformpedale:

▷ *MKS, Sylvan Touring*, **390 g**, € 33
▷ *Shimano, PD-A530* (eine Seite Plattform, die andere Klick), **383 g**, € 60
▷ *Wellgo, Tourenpedal LU-990*, **400 g**, € 9
▷ *Wellgo, Tourenpedal LU-T14*, **460 g**, € 12,50
▷ *Rose, Pro C-17* (Käfig und Riemen lassen sich montieren), **280 g**, € 31,50
▷ *Xtreme (Rose-Versand), Pro 191*, **310 g**, € 19

Produktbeispiele Käfigpedale:

▷ *Cecil, Pro Track* (Käfig und Riemen lassen sich montieren), **240 g**, € 43
▷ *Shimano, 105 PD-1051* (nur gebraucht erhältlich), **242 g**
▷ *MKS, GR-9*, **300 g**, € 25

- ▷ *Token Bahnrad Pedal Set*, **310 g,** € 50
- ▷ *Rose, Pro F-197* (Käfig und Riemen lassen sich montieren), **290 g**, € 23,50

Zubehör:

- ▷ *All City, Swan Metallkäfig für Zweifachriemen*, € 20
- ▷ *Cosmic Sports, Pedalkäfig Metall* (**36 g,** € 20) und *Zweifach-Riemen* (**57 g**, € 35)
- ▷ *Rose-Versand, Pedalhaken Plastik* (€ 6,90), *Riemen Nylon* (€ 4)
- ▷ *BBB Pedalriemen*, € 5

Produktbeispiele Klickpedale:

- ▷ *Crankbrothers, Acid 1*, 400 g, € 85
- ▷ *Eggbeater 2Ti,* **218 g**, € 230
- ▷ *Eggbeater 2,* **272 g**, € 95
- ▷ *Ritchey, Pro Micro Road*, **210 g**, € 70
- ▷ *Shimano, PD-A530* (eine Seite Plattform, andere Klick), **383 g**, € 60
- ▷ *Shimano, XT SPD-PD-T8000*, **390 g**, € 90
- ▷ *Shimano, PD-T421*, **418 g**, € 55
- ▷ *Shimano, PD-T400,* **504 g**, € 43
- ▷ *Shimano, SPD-PD-M324*, **533 g**, € 50
- ▷ *Shimano, PD-5800* (für Rennrad gedacht), **286 g**, € 99
- ▷ *Xtreme, Pro Duo X* (eine Seite Plattform, die andere Klick), **372 g**, € 29

Schloss

Teures Rad = großes, sehr stabiles, schweres, teures Schloss? Ich meine: Die Gleichung stimmt nicht. Wer in Australien im Outback oder im Wald in Norwegen übernachtet, benötigt gar kein Schloss. Wer ein altes klappriges Rad nachts in einer Großstadt am Laternenpfahl stehen lässt, sollte es mit einem sehr stabilen Schloss anschließen.

Diebe kann man grob in zwei Gruppen unterteilen: Profis und Amateure. Letztere haben oft kein Werkzeug dabei, Profis dagegen sehr gutes. Bei den meisten Radreisen ist man auf dem Land unterwegs, den Profis wird man da eher nicht begegnen. Sinnvoll ist es, auf Campingplätzen oder in Unterkünften das Rad in einem abschließbaren Raum abzustellen – einfach mal die Betreiber fragen. Unterwegs so Kaffee zu trinken, dass man das Rad im Blick hat – und so weiter.

Die Kombination aus Kryptonite Kryptoflex und Vorhängeschloss schützt zwar nicht gegen Profidiebe, aber bei Gelegenheitsklauern. Wichtig ist, dass man das Schloss anschließen kann.

Gute Bügelschlösser sind schwer: Sie wiegen meist mindestens 1 kg. Außerdem haben sie den Nachteil, dass nur der Rahmen gesichert wird, Räder, Gepäcktaschen und Sattel bleiben ungesichert. Wenn ein entsprechender Baum oder Mast fehlt, bringt das Bügelschloss nicht viel, weil sich das Rad wegtragen lässt.

Alternative für hohe Sicherheit sind sogenannte Panzerkabel oder Kettenschlösser – allerdings bieten sie bei vergleichbarem Gewicht einen schlechteren Diebstahlschutz. Beliebt sind Gelenkschlösser, weil sie sich zusammengeklappt gut am Rahmen befestigen lassen.

Ich empfehle als Lösung für Touren auf dem Land in Europa ein langes, dünnes Schlaufenkabel samt Vorhängeschloss. Das ist ein ummanteltes

Stahlkabel mit je einer Schlaufe an jedem Ende. Damit kann man gleichzeitig Teile des Rades sichern und das Rad anschließen.

Weiterer Vorteil des Schlaufenkabels: Sollte man den Schlüssel verlieren, lässt es sich leicht durchtrennen. Bei einem sehr stabilen Bügelschloss kann man dagegen sozusagen zum Opfer der eigenen Sicherheit werden. Jetzt werden Sie sich möglicherweise fragen, wieso man nicht einfach ein günstiges Kabelschloss nehmen sollte. Zwar ist das Kabel gleich stark und schwer, aber die Schlösser sind meist sehr minderwertig. Für die Kombination Schlaufenkabel-Schloss sollte man ein hochwertiges Vorhängeschloss von Abus oder Burgwächter kaufen.

Sehr leicht ist der „Safeman" mit 120 g: Ein 75 cm langes, kunststoffummanteltes Edelstahlkabel in einer kleinen Box, es hat 4 mm Durchmesser. Doch es gibt damit Probleme, weil der Schlüssel abbrechen kann. Und die Konstruktion erscheint nicht allzu stabil.

Wichtig: Machen Sie mich bitte nicht dafür verantwortlich, wenn Ihr Rad gestohlen wird! Welches Schloss mitgenommen wird, muss jeder selbst entscheiden.

☺ **Extra-Tipp I**: Campt man „wild", das Fahrrad neben das Zelt legen und die Schlaufen unter die Zeltplane nach innen führen und dort mit einem Hering sichern. Damit müssen Diebe die Schläfer aufwecken, das dürfte sie etwas abschrecken. Außerdem gibt es elektronische Sicherungen, die bei Bewegung laut Alarm schlagen.

☺ **Extra-Tipp II**: Die Stiftung Warentest hat in der Ausgabe 4/2013 Fahrradschlösser bewertet. Die Produkte sind zwar kaum noch auf dem Markt, der Bericht enthält jedoch interessante Infos. Er ist derzeit auf der Homepage www.test.de gratis abrufbar. Für einen Test von 2015 muss man € 2,50 bezahlen.

Produktbeispiele Schlaufenkabel (ein zusätzlich benötigtes kleines Vorhängeschloss wiegt 25 bis 80 g):

▷ *Kryptonite, Kryptoflex*, 80 cm lang, 5 mm dick, **163 g**, € 12
▷ *Abus, Cobra,* 120 cm lang, 12 mm Durchmesser, **380 g**, € 14

▷ *Abus, Cobra,* 185 cm lang, 8 mm Durchmesser, **268 g,** € 14
▷ Trelock, Schlaufenkabel ZS 150, 150 cm lang, 8 mm Durchmesser, **240 g**, € 13
▷ *Safeman*, 75 cm, 4 mm Durchmesser, **120 g**, € 20

Produktbeispiele Bügelschloss:
▷ *Abus, Granit X-Plus 54/160*, **1.475 g**, € 80
▷ *Abus, Sinero 43/150*, **935 g**, € 40
▷ *Master Lock, 8195*, **1.065 g**, € 33
▷ *Knog, Strongman*, **1.170 g**, € 85
▷ *Kryptonite, Evolution Mini* 5, 8 x 14 cm, **980 g**, € 50

Produktbeispiel Faltschloss:
▷ *Abus, Bordo Granit-Xplus 6500/85*, **1.585 g**, € 120
▷ *Abus, Bordo Granit-Xplus 6500/85, Combo Lite 6150/85*, **510 g**, € 65
▷ *Trelock, FS 200/70 Code*, **620 g**, € 43

Produktbeispiel Panzerkabel:
▷ *Abus, Iven 8200/110*, **1.610 g**, € 45
▷ *Abus, Ivera 7200/110*, **835 g**, € 40
▷ *Trelock, PK 480/100,* **1.020 g**, € 53

Produktbeispiele Kettenschloss:
▷ *Abus, Tresor Chain 1385/85*, **1.010 g**, € 33
▷ *Master Lock, 8391 Street Flexium*, **1.440 g**, € 20

☺ **Extra-Tipp:** Bei der Sattelstütze kann man gut auf Schnellspanner verzichten, normalerweise bleibt sie auf der einmal gut eingestellten Höhe. Deshalb keinen Schnellspanner, sondern eine Klemme mit Inbus verwenden, das schützt etwas vor Diebstahl. Zur Sicherheit sollte das Rad auch unauffällig aussehen. Was immer sinnvoll ist: Das Rad codieren und auch von den Einzelteilen Fotos machen. Eventuell sogar Kratzer auf bestimmte Teile machen, weil so der Verkaufswert gemindert wird. Ein wenig Dreck auf dem Lack schadet auch nicht ...

Licht

Nabendynamos sind mittlerweile Standard: Sie funktionieren im Vergleich zum sogenannten Seitenläufer auch bei Matsch und Schnee. Allerdings sind die Nabendynamos deutlich schwerer als Seitenläufer, hochwertige kosten mehr, teure sind beliebt bei Dieben und der Einbau statt der Vorderradnabe ist insofern ungünstig, weil das vordere Rad bei Felgenbremsen ein Verschleißteil ist: Ist der Felgenrand durchgebremst, lohnt sich bei billigen Nabendynamos ein neues Einspeichen nicht, bei teuren Modellen wird es ein teurer Spaß im Vergleich zu einem fertig eingespeichten Rad. Nachteil des Seitenläufers ist, dass er ab und zu justiert werden muss – das dauert keine Minute.

Kommen wir zum Gewicht: Eine Shimano Deore HB-M 590 Vorderradnabe wiegt rund 146 g (ohne Schnellspanner). Allerdings: Wer einen Seitenläufer betreibt, muss das Gewicht auch berechnen – z. B. 225 g für den Dymotec 6. Seitenläufer plus normaler Nabe wiegen zusammen rund 370 g. Nabendynamos wiegen 20 bis 350 g mehr.

Die Zeitschrift „Aktiv Radfahren" hat Nabendynamos unter die Lupe genommen (Heft 1-2/2009): Demnach beträgt der Widerstand bei ausgeschaltetem (!) Licht und 20 km/h von 0,5 (SON 20R) bis 6 Watt (Novatec EDH-2). Also eine ganz leichte Bremse. Zugegeben: nicht viel. Aber es geht wie beim Gewicht um die Summe der Fahrwiderstände (Rollwiderstand der Reifen und vor allem der Luftwiderstand sind entscheidend).

Ein weiterer interessanter Test lässt sich als PDF herunterladen auf: 💻 www.fahrradzukunft.de/14/neue-nabendynamos-im-test/.

Produktbeispiel Seitenläufer:

▷ *Busch & Müller, Dynamo Dymotec 6*, **225 g**, € 40. Sehr hochwertig, läuft mit sehr geringem Widerstand.

Produktbeispiele Naben ohne Dynamo:

▷ *Shimano, SLX HB-M7000 Vorderradnabe*, **190 g**, € 22

▷ *Shimano, HB-T610 Vorderradnabe*, **160 g**, € 14

▷ *DT Swiss, 340 Road*, **150 g**, € 80

Produktbeispiele Naben mit Dynamo:

- ▷ *Shimano, Alivio DH-T4000*, **580 g**, € 36
- ▷ *Shimano, LX DH-T660-3N*, **550 g**, € 75
- ▷ *Shimano, Deore XT DH-T785L*, **520 g**, € 95
- ▷ *Shutter Precision, PD-8 Disc*, **410 g**, € 120
- ▷ *Schmidt, SON 28*, **440 g**, € 210
- ▷ *Schmidt, SON delux* (nur einsetzbar zusammen mit Scheinwerfer Edelux!), **390 g**, € 210
- ▷ *Schmidt, SON 28 14 Disc*, **460 g**, € 290
- ▷ *Novatec, EDH-2*, **725 g**, € 30
- ▷ *Novatec, Disc*, **410 g**, € 120

Eine komplette Lichtanlage am Rad ist Vorschrift. Nach einer Gesetzesänderung 2013 sind auch Batterieleuchten erlaubt, ein Dynamo ist nicht mehr Pflicht. Die Beleuchtung muss jedoch bestimmte Vorschriften erfüllen. Falls sie eine entsprechende Prüfung bestanden haben, ist dies am Prüfzeichen auf der Leuchte zu erkennen: Eine Schlangenlinie, dann „K" und die Prüfnummer.

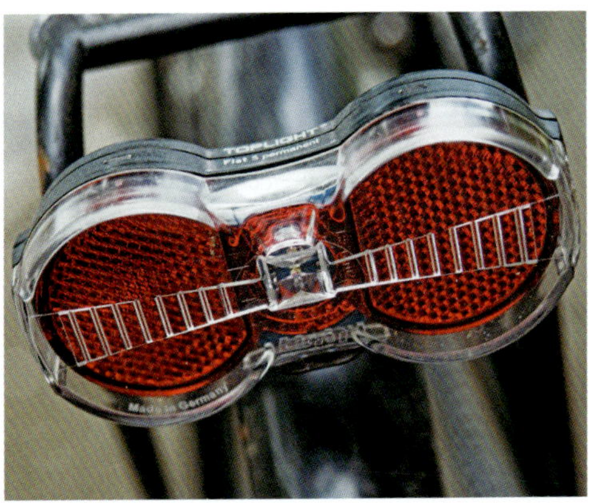

Das Batterierücklicht „Toplight Flat S permanent" von Busch & Müller leuchtet rund 50 Stunden mit zwei Mignon-Akkus. Es wiegt 65 g.

Leider werden immer mehr Akkuleuchten mit eingebautem Akku statt mit Mignon-Batteriehalterung angeboten. Wenn der interne Lithium-Akku hinüber ist, muss man das Set wegwerfen – sie sind also nach einigen Jahren Müll, deshalb führe ich sie nicht auf.

Daher sind spezielle, wiederaufladbare Akkus empfehlenswert, die bei Lagerung kaum Leistung verlieren (z. B. Sanyo Eneloop). Eine Mignon-Zelle wiegt rund 30 g, meist werden für Vorder- und Rücklicht sechs benötigt – also 180 g mehr. Doch Kabel und Dynamo sind dann überflüssig.

☺ **Extra-Tipp:** Das Rücklicht sollte geschützt montiert werden. Ragt es etwas heraus, ist es bei einem kleinen Rempler schnell kaputt.

Produktbeispiele Frontlicht für Batterien:

▷ *Busch & Müller, IQ Premium*, **140 g** ohne Halter, plus vier Mignonzellen, 126 g, gleich **266 g**, € 80
▷ *Knog, Pop II*, **81 g**, plus zwei Mignonbatterien, 58 g, gleich **139 g**, € 18
▷ *Trelock, LS 350 I-Go Sport*, **120 g**, plus zwei Mignonbatterien, 78 g, gleich **208 g**, € 45

Produktbeispiele Frontlicht (Stromversorgung extern):

▷ *Axa, Luxx 70 Plus Steady*, **150 g**, € 285
▷ *Busch & Müller, Lumotec Fly*, **70 g** ohne Halter, € 20
▷ *Busch & Müller, Ixon IQ Cyo T Senso Plus*, **65 g**, € 75
▷ *SON, Edelux II*, **85 g** ohne Halter, € 140

Produktbeispiele Rücklicht für Batterien:

▷ *Busch & Müller, Toplight Flat Senso*, **66 g**, plus zwei Mignonbatterien, 58 g, gleich **124 g**
▷ *Knog, Pop R*, **53 g**, plus eine Mignonbatterien, 29 g, gleich **82 g**, € 18
▷ *Trelock LS 812 Trio Flat*, **70 g**, plus zwei Mignonbatterien, 58 g, gleich **128 g**, € 15

Produktbeispiele Rücklicht (Stromversorgung extern):

▷ *Busch & Müller, Line Plus 50 mm,* **53 g**, € 30
▷ *Busch & Müller, Toplight View Brake Plus*, **50 g**, € 30

- ▷ *Busch & Müller, Toplight Mini Plus*, **34 g**, € 20
- ▷ *SON, Rücklicht*, **18 g**, € 49

Ständer

Klar: Wer darauf verzichtet, spart am meisten Gewicht. Ständer wiegen ungefähr zwischen 250 und 550 g. Der einbeinige Mittelbauständer (beim Tretlager) eignet sich nur für unbeladene Räder: Hat man hinten ein paar Kilo drauf, fällt der Drahtesel oft um. Ein zweibeiniger Mittelbauständer hält das Rad besser, ist aber schwer. Und auf weichem Untergrund fällt das Rad auch ganz schnell um.

Ein Ständer kurz vor der Hinterradachse hält sowohl beladene als auch unbeladene Räder. Die Höhe sollte justierbar sein. Bei einem nur leicht beladenem Rad reicht auch ein leichter Ständer. Vor dem Kauf abklären, ob der Ständer auch passt. Manche Modelle sind nur für eine spezielle Aufnahme (KSA 40, KSA 18) geeignet.

Produktbeispiele Hinterbauständer:

- ▷ *Hebie, 671* (Belastung maximal 25 kg), **360 g**, € 20
- ▷ *Hebie, 662 lite Fix 40* (KSA 40, Belastung maximal 25 kg), **220 g**, € 18
- ▷ *Hebie, 663 Fix 18* (KSA 18, Belastung maximal 25 kg) **295 g**, € 20
- ▷ *Pletscher, Comp* (KSA 40, Belastung maximal 25 kg) , **268 g**, € 12
- ▷ *Pletscher, Comp Zoom* (KSA 40, Belastung maximal 18 kg), **260 g**, € 14
- ▷ *Pletscher, Comp Flex* (Belastung maximal 50 kg), **303 g**, € 18
- ▷ *Pletscher, Multi* (Belastung maximal 25 kg) , **433 g**, € 22

Ersatzteile, Werkzeug und Luftpumpe

Ersatzteile

Bestenfalls hat man nur Flickzeug, einen Ersatzschlauch, eine Luftpumpe und etwas Kettenöl samt Multifunktionswerkzeug dabei. „Wieso der Ersatzschlauch?“, werden Sie jetzt fragen, schließlich hat man Flickzeug. Antwort: Damit lässt sich eine Panne schnell durch Schlauchwechsel beheben, der defekte Schlauch kann dann geflickt werden, wenn man den Übernachtungsort erreicht hat. Stellen Sie sich einfach vor, ein Loch im Schlauch zu flicken und dabei im strömenden Regen neben einer viel befahrenen Straße im Graben zu stehen.

Und wieso sollte man nicht mehr Ersatzteile mitnehmen? Weil man sich sicher ist, dass man nicht mehr benötigt. Und woher weiß man das? Indem man das Rad vor der Fahrt inspiziert: Kettenzustand, Speichen und deren Spannung, Fremdkörper aus Reifen und Bremsbelägen entfernen, Zustand der Züge (der Zug besteht aus feinen Metalldrähten. Ist eines gerissen, sofort wechseln). Die Felgenflanken sollten ab und zu mit etwas Brennspiritus und einem Tuch gereinigt werden, das verlängert die Lebensdauer. Die Schaltung sollte exakt eingestellt sein, sonst „springen" die Gänge und der Verschleiß ist enorm. Außerdem alle Schrauben auf korrekten Sitz prüfen (nicht zu stramm anziehen!). Wenn man gerade dabei ist, auch den Rahmen auf Risse und Dellen absuchen sowie den Zustand der Gabel kontrollieren (verzogen?).

Sinnig ist, einmal eine Liste und eventuell noch Bilder der wichtigsten Teile vom Rad zu machen und dies einem zuverlässigen Menschen zu hinterlassen. Falls schon Ersatzteile vorhanden sind, sie daheim lagern. Innerhalb Europas ist es teilweise schneller, günstiger und komfortabler, wenn die Teile per Post kommen als einen womöglich 50 km weit entfernten Fahrradladen aufzusuchen. Falls das Rad gestohlen wird, sind die Bilder nützlich. Und wenn man gleich dabei ist: Auch Kopien vom Reisepass, Bankkarte und so weiter daheim lassen. Es ist gut, wenn jemand daheim weiß, wie die Fahrt geplant ist.

Eine Möglichkeit ist auch, das Rad zur Inspektion zu geben. Machen sie dem Händler klar, dass eine längere Tour geplant ist. Vereinbaren Sie Preis und Leistung, unter anderem sollten auch wichtige Teile wie Naben geschmiert und justiert werden. Oft gibt es im Winter Sonderpreise und die Mechaniker haben auch Zeit, spätestens im Februar sollte das erledigt sein, danach ist in der Werkstatt Hochsaison: Neue Räder werden endmontiert, die Kunden wollen Reparaturen gemacht haben und beraten werden und so weiter. Alternative Zeit: Ende der Sommerferien.

Das sollte man dabeihaben: einen extraleichten Ersatzschlauch, Flickzeug, Reifenheber, eine Minipumpe und einen "Lochschnüffler". Ballistol eignet sich unter anderem als Konservierungsmittel für Metall und hilft gegen Mückensticke - man muss es nicht dabeihaben.

Wer doch Ersatzteile mitnehmen möchte, dem empfehle ich zwei Speichen fürs Hinterrad. Die sind auch sinnvoll, wenn man sie nicht selbst einbauen kann – dafür findet sich jemand. Außerdem zwei Kabelbinder und einen halben Meter reißfestes Gewebeband (als Ring um die Luftpumpe kleben). Damit lassen sich z. B. Gepäckträger notdürftig reparieren und Löcher in Taschen oder Zelt schließen. Und ein Kettenschloss sowie – falls das Fahrrad eines hat – ein sogenanntes Schaltauge. Das sitzt zwischen Schaltung und Rahmen und ist bei Unfällen, bei denen seitlich Druck ausgeübt wird, die „Sollbruchstelle". Sinnvoll, weil der Rahmen geschont und damit ein Totalschaden vermieden wird. Weil Schaltaugen für jedes Rad unterschiedlich sind, sind sie schwer erhältlich. Wer abseits der Zivilisation unterwegs ist, kann eventuell noch einen Brems- und Schaltzug mitnehmen.

☺ **Extra-Tipps:** Auf das Kettenöl kann man verzichten, indem man Öl vom Messstab eines Automotors nimmt oder an der Tankstelle nach leeren Öldosen fragt – da sind meist noch ein paar Tropfen drin.

Gerissene Züge kann man notdürftig mit einer Lüsterklemme verbinden – sie sind dann aber nicht voll belastbar.

Werkzeug

Es ist sinnvoll, die wichtigsten Schrauben am Rad lösen und anziehen zu können – oft lockert sich etwas. Dazu gibt es kleine Mehrfachwerkzeuge – neudeutsch Tools genannt. Falls Sie sich oft auf Campingplätzen aufhalten oder durch Orte kommen: Im Notfall lässt sich größeres Werkzeug ausleihen. Tendenz: Je mehr Funktionen die „Tools" haben, desto schwerer und teurer sind sie. Wichtig ist, dass die Geräte gut in der Hand liegen: Wer abrutscht, kann sich schnell verletzten oder eine Schraube rund drehen. Discounterware hat meist eine so miese Qualität, dass man Schraubenköpfe damit rund dreht. Deshalb empfehle ich, etwas mehr auszugeben.

Kettennieter sind für Notfälle gedacht – die Chance auf einen Riss ist sehr gering, daher empfehle ich diese nur für Touren weit entfernt von Fahrradwerkstätten. Mir ist nur einmal eine Kette gerissen – die war stark verschlissen ...

Produktbeispiele:

▷ *Crank Brothers, Multi 19* (19 Funktionen, mit Kettennieter), **172 g**, € 25
▷ *Lezyne, Multitool Karbon 10* (10 Funktionen, mit Kettennieter), **84 g**, € 90
▷ *Lezyne, SV 10* (10 Funktionen, mit Kettennieter), **103 g**, € 40
▷ *Park Tool, MTB-3 Rescue Tool* (23 Funktionen, mit Kettennieter), **272 g**, € 28
▷ *Procraft, Multitool 10* (10 Funktionen), **175 g**, € 10
▷ *Topeak, Mini 9* (9 Funktionen, kein Kettennieter), **92 g**, € 16
▷ *Topeak, Mini 18+* (18 Funktionen und Kettennieter), **187 g**, € 28
▷ *Topeak, Mini 20 Pro* (20 Funktionen, mit Kettennieter), **150 g**, € 30

Luftpumpe

Etwas Unentbehrliches fehlt noch. Die Luftpumpe. Die meisten Leute haben ein großes Modell daheim und nehmen auf die Tour nur eine kleine mit. Die wird jahrelang nicht beachtet. Dann kommt der Platten – und sie funktioniert nicht richtig. Grund: Mangelnde Pflege. Kolbendichtungen und das Klemmgummi beim Ventil können altern und verschleißen. Deshalb ab und zu die Minipumpe testen.

Kleine Pumpen waren noch vor wenigen Jahren nur für den Notfall geeignet. Mittlerweile haben sie eine hohe Qualität, das Aufpumpen dauert allerdings länger. Bei der Pumpe lässt sich preiswert Gewicht sparen. Beim Kauf darauf achten, ob diese auch zum Ventil der Schläuche passt.

Produktbeispiele:

▷ *Blackburn, AirStik SL*, **59 g**, € 20
▷ *Cannondale, Air Speed Nitro,* **120 g**, € 17
▷ *Lezyne, HP Drive*, **75 g**, € 19
▷ *Pro, Mini Pumpe Team Karbon*, **42 g**, € 43
▷ *SKS, Super Short*, **103 g**, € 23
▷ *Topeak, Race Rocket HP*, **82 g**, € 35
▷ *Zefal, Air Profil Micro*, **80 g**, € 18

☺ **Extra-Tipp** für Ersatzteile und Werkzeug: Lassen Sie sich vom Versandhändler Rose den Katalog schicken. Damit haben sie schon mal einen groben Überblick. Rose verkauft jedoch nicht alles, z. B. fehlen derzeit die Radtaschen von Vaude im Programm.

Bikepacking

Der Trend kommt – wie so oft üblich – aus den USA. Ziel ist, leicht und flott auf Forstwegen oder im Gelände unterwegs zu sein. Dabei stören sowohl Gewicht als auch seitlich herausragende Taschen, denn die könnten an Bäumen oder Steinen hängenbleiben. Die Bezeichnung ist etwas irritierend – schließlich sind auch die traditionellen Gepäckträgertaschen eine Form des „Bikepackings". Gemeint sind bei der neumodischen Bezeichnung aber rollenförmige Taschen am Lenker sowie weitere Taschen unter und auf dem Oberrohr und hinter dem Sattel. Diese werden mit Spanngurten und Klettverschlüssen befestigt – deshalb rappelt nichts und die Befestigung lässt sich auf das Rohrdurchmesser einstellen.

Folgende Nachteile hat Bikepacking: Montage und Demontage sind mit mehreren Handgriffen verbunden. Insgesamt ist das Volumen kleiner als z. B. bei zwei Hinterradtaschen à 20 l und einem Sack ähnlicher Größe auf dem Gepäckträger. Und bei großen Rahmentaschen wird es mit Platz für Wasserflaschen eng. Darüber hinaus passen die Lenkerrollen nicht immer, denn Kabel und Griffe können im Weg sein. Weil die Satteltaschen lang sind, wird der Aufstieg bei Rahmen ohne Durchstiegsmöglichkeit vorn etwas akrobatischer. Außerdem sind die aufwendig und in kleiner Stückzahl gefertigten Taschen relativ teuer – beim Preisvergleich sollte jedoch bedacht werden, dass keine Gepäckträger gekauft werden müssen.

Am Lenker kann man nach meiner Erfahrung auf die teuren Spezialtaschen verzichten und spezielle Packsäcke verwenden. Die sollten außen Schlaufen haben, damit Spanngurte oder Klettbänder befestigt werden können. Ich verwende dort die Packsäcke „Airlok Xtra" des britischen Versenders Alpkit (Version 13 l, 140 g, € 18). Exped bietet mit den Serien „Fold Drybag Endura" und „Waterproof Telecompression Bag" auch Packsäcke mit Schlaufen an. Werden sie ohne dem beim Bikepacking üblichen Schutz („Harness") montiert, können sie möglicherweise langfristig durch Reibung z. B. an Griffen Löcher bekommen.

Bei Touren mit viel Gepäck kombiniere ich den Gepäckträger hinten mit zwei Taschen und obendrauf einen Sack mit einem Packsack am Lenker (für Schlafsack) und einer Tasche im Rahmendreieck (Werkzeug und Kleinkram).

In den Taschen vorn und hinten ist Ausrüstung für drei Jahreszeiten (Zelt, Matte und ein Schlafsack mit 4° C Komforttemperatur, jedoch kein Kocher) sowie entsprechende Bekleidung verstaut. Telefon, Netzteil, Geld sowie Müsliriegel sind in der Tasche auf dem Oberrohr. © Andre Girgner

Bevor Sie sich die meist teuren Taschen kaufen, sollten Sie bitte akribisch am Rad ausmessen, ob diese passen – und sie idealerweise ausprobieren. Manche Hersteller bieten fürs Rahmendreieck und den Lenker verschiedene Größen an. Wichtig ist auch, ob die Taschen wasserdicht oder lediglich wasserabweisend sind. Vor der Montage den Rahmen mit durchsichtigen Klebefolien schützen, denn die Taschen bewegen sich immer etwas und reiben den Lack stumpf.

Ein führender Hersteller ist Revelate Designs aus Anchorage (Alaska). Dort bleibt offensichtlich in den langen Wintern genug Zeit, um unterschiedliche Konzepte für Bikepacking vom Singletrail bis Tourenrad auszutüfteln. Andere kleine Produzenten, Ortlieb und auch die großen Fahrradmarken wie Giant ziehen jedoch nach.

Produktbeispiele für kleine Lenkertaschen:

- ▷ *Alpkit, Stem Cell Dry* (auch für Flaschen geeignet, wird hochkant montiert), 0,8 l, 27 x 9 x 9 cm, **75 g**, € 32

Produktbeispiele für große Lenkertaschen:

- ▷ *Apidura, Handlebar Pack Compact*, 9 l, 53 cm breit, **200 g**, € 90
- ▷ *Alpkit, Airlok Dual*, 13 l, 32 cm breit, **176 g**, € 18
- ▷ *Ortlieb, Handlebar-Pack*, 15 l, 58 cm breit, **420 g**, € 100
- ▷ *Revelate Designs, Sweetroll Medium*, 14 l, 55 cm breit, **380 g**, € 160
- ▷ *Topeak, FrontLoader Packsack*, 8 l, 55 cm breit, **280 g**, € 70

Produktbeispiele für Rahmentaschen:

- ▷ *Additive, Bag V1 Größe L*, 13 l, **750 g**, € 140
- ▷ *Additive, Bag V3 Größe L*, 9 l, **330 g**, € 50
- ▷ *Alpkit, Possum Medium*, 4,5 l, 46 x 6 x 11 cm, **190 g**, € 70
- ▷ *Apidura, Full Frame Pack Medium*, 12 l, 45 x 6 bis 8 x 29 cm, **330 g**, € 162
- ▷ *Apidura, Road Frame Pack Medium*, 4,5 l, 48 x 6 x 15 cm, **145 g**, € 90
- ▷ *Deuter, Front Triangle Bag*, 1,7 l, 36 x 13 x 5 cm, **130 g**, € 19
- ▷ *Deuter, Triangle Bag* (hinten am Oberrohr befestigen), 22 x 26 x 5 cm, 1,3 l, **130 g**, € 18
- ▷ *Ortlieb, Frame Bag*, 4 l, 40 x 6 x 24 cm, **186 g**, € 100
- ▷ *Revelate Designs, Tangle Frame Bag Medium*, 3,5 l, 50 x 11,5 x 5 cm, **260 g**, € 130
- ▷ *Topeak, MidiLoader*, 4,5 l, 46 x 12 x 6 cm, **200 g**, € 50
- ▷ *Xtreme, Rahmentasche Easy Bag XL*, 5,5 l, 42 x 18 x 7 cm, **220 g**, € 15

Produktbeispiele für Taschen auf dem Oberrohr:

- ▷ *Apidura, Top Tube Pack Extended*, 0,8 l, 21 cm lang, **85 g**, € 43
- ▷ *Revelate Designs, Gas Tank*, 1,2 l, 23 cm lang, **100 g**, € 75
- ▷ *Topeak, Tri Drybag*, 0,6 l, 14 cm lang, **65 g**, € 30

Produktbeispiele für große Taschen am Sattel:

- ▷ *Alpkit, Airlok Tapered*, 13 l, **148 g**, € 24
- ▷ *Alpkit, Koala*, 13 l, **275 g**, € 80

▷ *Alpkit, Big Papa*, 17 l, **368 g**, € 104
▷ *Apidura, Saddle Bag Mid-Size*, 14 l, **360 g**, € 120
▷ *Giant, Scout Seat Bag*, 15 l, **440 g**, € 50
▷ *Ortlieb, Seat Bag*, 16,5 l, **456 g**, € 130
▷ *Revelate Designs, Pika*, 6-12 l, **360 g,** € 175
▷ *Specialized, Burra Burra Stabilizer Seatpack 10,* 10 l, **415 g**, € 150
▷ *Topeak, BackLoader*, 10 l, **415 g**, € 60

Bei Touren mit viel Gepäck kombiniere ich traditionellen Gepäcktransport mit Bikepacking: Gepäckträger hinten mit zwei Taschen und oben einem Sack sowie eine Tasche am Lenker (für Schlafsack) und eine im Rahmendreieck (Werkzeug und Kleinkram). Zu sehen sind auch zwei Ortlieb-Außentaschen, die ich mit breitem Klettband am Oberrohr montiert habe. Das Bild entstand in Namibia östlich von Swakopmund.

Auf der Reise

Am leichtesten ist die EC-Karte: Damit bezahlt man Hotels und Pensionen, Restaurants und Getränke. Man muss also weder Campingausrüstung noch Essen mitschleppen. Und auf manchen Radfernwegen in Deutschland ist sogar ein Gepäcktransport möglich. Doch für diesen Luxus muss man einerseits bezahlen, andererseits legt man sich auch Fesseln bei der Reiseplanung an, kann die Route nicht nach Belieben ändern: Schließlich sind die Hotels für bestimmte Tage fest gebucht und essen gehen kann man auch nicht in jedem Dorf.

Mit einer geschickten Wahl von Zelt, Isomatte und Schlafsack kann man schon bei 2 kg pro Person Mehrgepäck so bequem wie in einem Bett campen. Und bei Kleidung und Kleinkram lässt es sich durchaus unter 4 kg bleiben. Macht rund 6 kg Zuladung auf dem Rad. Damit wiegt ein leichtes 12-kg-Trekkingrad insgesamt 18 kg – so viel wie viele Standard-Räder ohne Gepäck. Wenn Sie dies alles dabei haben, sind Sie völlig frei: Richtung, Tempo, Zwischenstopps, Fahrstrecke – alles ist nach Lust und Laune wählbar. Stellen Sie sich vor: Eine Regenfront rückt näher und Sie müssen los, weil das nächste gebuchte Hotel 70 km entfernt ist.

Kleidung und Campingausrüstung kann auch zu anderen Gelegenheiten als auf Radtouren genutzt werden. Zum Teil lohnt es sich, für Qualität etwas mehr auszugeben. Wobei auch hier die Gleichung gut = teuer nicht immer aufgeht. Man kann auch Gutes günstig kaufen.

Schlafen

Zelt

Radler sind normalerweise nicht bei Minustemperaturen unterwegs und auch nicht bei Affenhitze – jedoch ab und zu im Regen und bei starkem Wind. Damit haben wir die Anforderungen fürs Zelt beschrieben: Gute Lüftung und windstabil soll es sein. Und selbstverständlich leicht. Das Zelt ist der Ausrüstungsgegenstand, bei dem sich am meisten und günstigsten Gewicht sparen lässt. Und das muss gar nicht so teuer sein. Ein Zweipersonenzelt mit 1.200 g Gewicht reicht aus – zum Vergleich: Die Standardzelte in dieser Größe wiegen 2,5 bis 4 kg und haben ein deutlich größeres Packmaß.

Die meisten Zelte haben ein separates Innenzelt. Der Vorteil: Man berührt das Außenzelt von innen nicht, dadurch kommt man nicht mit Kondenswasser in Kontakt. Doch die Nachteile sind groß: Komplizierter beim Aufbau, höhere Herstellungskosten und damit höhere Preise, mehr Gewicht. Das haben mittlerweile etablierte Hersteller erkannt und bieten leichte Einwandzelte an. Ich empfehle die Produkte des kleinen US-Herstellers Tarptent, die in Deutschland bei der Firma Sack und Pack erhältlich sind: gute Lüftung, langlebige Materialien, extrem leicht. Dabei handelt es sich um geschlossene Zelte und nicht etwa aufgespannte Planen (Tarps). Letztere halte ich für wenig sinnig, weil man nachts garantiert tierischen Besuch bekommt: Mücken, Frösche, Waschbären ...

Wer zu zweit unterwegs ist und etwas mehr Komfort möchte, sollte auf zwei Ein-/Ausgänge achten. Dann stört man den zweiten Schläfer nicht so sehr. Die Innengröße sollte so sein, dass man sich aufrichten kann, ohne die Zeltwände zu berühren. Wer meine Ratschläge befolgt und nur zwei große Taschen dabei hat, benötigt auch nur eine kleine Apsis (Vorraum) beim Zelt, um das Gepäck unterzubringen.

Das Zelt "Contrail" der Firma Tarptent (750 g mit Aufstellstange) ist innen 1 m breit – das reicht zur Not für zwei Personen. Hier liegt die 63 cm breite Isomatte Neoair von Therm-a-Rest im Zelt, darauf ein Daunenschlafsack und links ein Seideninlett.

☺ **Extra-Tipps:** Nicht an Flussniederungen oder in feuchten Gebieten zelten, da wird es auch im Zelt feucht. Ein Ersatzteil ist besonders wichtig: eine Reparaturhülse fürs Zeltgestänge.

Produktbeispiele Zelte eine Person:

- ▷ *Big Agnes, Fly Creek HV UL 1*, **0,9 kg**, € 350
- ▷ *Hilleberg, Unna,* **2 kg**, € 700
- ▷ *Hilleberg, Akto,* **1,7 kg**, € 680
- ▷ *Tarptent, Rainbow*, **1 kg**, € 420
- ▷ *Tarptent, Protrail*, **0,9 kg** (mit Aufstellstangen), € 410
- ▷ *Terra Nova, Laser Competition*, **1 kg**, € 480
- ▷ *Vaude, Lizard GUL*, **7,7 kg**, € 600
- ▷ *Vaude, Hogan SUL*, **1,3 kg** (zur Not zwei Schläfer), € 450

Produktbeispiele Zelte zwei Personen (Beim Gewichtsvergleich bitte die Innengröße vergleichen. Alle Zelte eignen sich vom Packmaß dafür, sie auf dem Gepäckträger in Fahrtrichtung zu befestigen):

- ▷ *Easy Camp, Comet 200*, **1,9 kg**, € 30
- ▷ *Frilufts, Sully*, **1,9 kg**, € 80
- ▷ *Hilleberg, Nallo 2*, **2,3 kg**, € 860
- ▷ *MSR, Carbon Reflex 2*, **1 kg**, € 450
- ▷ *MSR, Hubba Hubba NX*, **1,7 kg**, € 430
- ▷ *North Face, Stormbreak 2*, **2,7 kg**, € 200
- ▷ *Tarptent, Double Rainbow*, **1,2 kg**, € 350
- ▷ *Vaude, Hogan UL*, **1,9 kg**, € 450

Produktbeispiel Zelte drei Personen:

- ▷ *Hilleberg, Keron 3*, **3,9 kg**, € 1.100
- ▷ *Tarptent, Rainshadow 2*, **1,3 kg**, € 530

Isomatte

Guter Schlaf ist sehr wichtig. Minimalisten können auf einer 3 cm dicken Isomatte gut schlafen – ich nicht. Die Rechnung für die Dicke „Im Alter von 20 3 cm, dann alle 10 Jahre 1 cm mehr!“ ist eine gute Faustregel. Sogenannte „selbstaufblasende Isomatten“ sind gang und gäbe. Wer eine solche benutzt, stellt aber fest: Sie blasen sich gar nicht komplett selbst auf. Die Füllung wiegt, aufblasen muss man trotzdem – es sind nur einige Atemstöße weniger als bei den „normalen“ Luftmatratzen. Und die haben außerdem ein kleineres Packmaß.

Die früher wabbeligen Luftmatratzen zum Aufblasen wurden von einigen Herstellern weiterentwickelt. Insbesondere Exped und Therm-a-rest sind dabei führend – gute Qualität und großzügiges Verhalten im Garantiefall sprechen auch für eine etwas höhere Geldausgabe. Im Programm sind Luxusmodelle, die besonders gut isolieren. Das ist insofern von Belang, weil der größte Teil der Wärme nach unten entweicht: Zum einen ist der Boden kalt, zum anderen liegt man unten den Schlafsack platt, es entsteht eine Kältebrücke. Der Sieger bei Größe-Isolation-Dicke-Gewicht ist derzeit die Therm-A-Rest Neoair Xtherm. Noch besser isoliert die Exped Downmat, sie ist jedoch schwerer. Für Temperaturen über 5° C reicht die Neoair Xlite aus. Die Isolationsqualität lässt sich am R-Wert ablesen: Je größer die Zahl, desto besser.

☺ **Extra-Tipp:** Wer sich im Schlaf dreht, sollte sich eine rund 60 cm breite Variante kaufen, die etwas schwerer ist. Die Herstellern bieten meist verschiedene Breiten an. Außerdem gibt es kurze und damit leichtere Versionen: Wenn die Füße über den Rand herausragen, schläft man trotzdem gut. Die Matte kann also ruhig etwas kürzer als der Schläfer sein.

Produktbeispiele Isomatten:

- ▷ *Exped, Airmat HL M*, 183 x 52 x 7 cm, **320 g** (plus Pumpe 45 g), € 110
- ▷ *Exped, Downmat 7 M*, 183 x 52 x 7 cm (sehr gute Isolierung dank Daunenfüllung), **890 g**, € 180
- ▷ *Exped, Synmat UL M*, 183 x 52 x 7 cm (gute Isolierung, **458 g** (plus Pumpe 60 g), € 140
- ▷ *Lestra, Sleep Diamond Mumie*, 177 x 50 x 65,8 cm, **1.050 g,** € 70
- ▷ *Nordisk, Grip 3.8*, 178 x 50 x 3,8 cm, **470 g,** € 90
- ▷ *Therm-A-Rest, Neoair Xlite*, 183 x 51 x 6,3 cm, **340 g**, € 170
- ▷ *Therm-A-Rest, Neoair Xtherm*, 183 x 51 x 6,3 cm, **430 g**, € 190
- ▷ *Trangoworld, Micro Lite LD*, 181 x 51 x 4 cm, **900 g,** € 80

Produktbeispiele „selbstaufblasende" Isomatten:

- ▷ *Artiach, Skin Micro Lite*, 185 x 50 x 3 cm, **540 g**, € 40
- ▷ *Exped, SIM Lite UL 3.8 M*, 183 x 50 x 3,8 cm, **595 g**, € 100
- ▷ *Therm-A-Rest, Prolite Plus*, 183 x 51 x 3,8 cm, **915 g**, € 100
- ▷ *Therm-A-Rest, TT Trail Pro*, 183 x 51 x 5 cm, **915 g**, € 90

Schlafsack

Beim Schlafsack gibt es zwei unterschiedliche Füllmaterialien: Daunen und Kunstfasern. Daunen sind leichter, kleiner im Packmaß und haben eine höhere Isolierwirkung – sie sind jedoch nässeempfindlich. Bei der Wahl des Schlafsacks sollte man darauf achten, dass man sich nicht eingezwängt fühlt – im Zweifelsfall einen etwas breiteren nehmen. Andererseits gilt auch: Je enger der Schlafsack, desto schneller wird er warm.

Beim Daunenschlafsack wird die Bauschfähigkeit der Daunen mit „cuin" angegeben. Die Angabe 600 cuin heißt: Eine Unze Daunen kann mindestens 600 cubic inch Luft speichern. Allerdings wird hier von den Herstellern manchmal übertrieben. Und auf Fotos sehen die „Schlaftüten" immer so aus, als ob sie kurz vorm Platzen wären ... Auch bei den Temperaturangaben sollte man vorsichtig sein. Meist gibt es drei Temperaturangaben: Komfort-, Grenz- und Extremtemperatur. Grob gesagt: Für Frauen gilt die erste Zahl als Grenze zu „noch angenehm", für Männer die zweite und bei der dritten bekommt man langsam Erfrierungen. Das Temperaturempfinden im Schlafsack hängt auch von anderen Faktoren ab: Zum Beispiel vom Erschöpfungszustand und der Windstärke sowie Winddichtheit des Zeltes.

Ein Daunenschlafsack mit rund 650 g Gewicht hat ungefähr Temperaturangaben von plus 7, plus 3 und minus 12° C – das reicht bis zum Gefrierpunkt locker, weil man die Wärmeleistung „aufpeppen" kann: Vorm Zubettgehen noch etwas bewegen, im Schlafsack alle Muskeln kurz an- und entspannen, Jacke übers Fußende legen und mehr. Kunstfaserschlafsäcke mit ähnlicher Wärmeleistung wie die genannte wogen noch vor wenigen Jahren um die 1.200 g, mittlerweile gibt es sehr leichte Modelle.

Minimalisten nutzen Quilts, das sind sozusagen Schlafsäcke, die nur bis zur Brust reichen. Sie werden mit Kunstfaserjacken kombiniert genutzt.

Ein Nachteil ist, dass meist ein Reißverschluss fehlt – das macht den Einstieg etwas mühsam und der Quilt lässt sich an warmen Tagen schlecht als Decke nutzen.

Links ist ein Kunstfaserschlafsack zu sehen: Er wiegt mit 1.700 g mehr und ist voluminöser als der Big Pack Daunenschlafsack (650 g) mit ähnlicher Wärmeleistung, ein Meru Seiden-Inlett (130 g) und die Isomatte Therm-a-Rest Neoair Large (570 g) mit zusammen 1.350 g. Hinten ist die zusammengerollte Isomatte „Doublemat" von Evazote zu sehen, ganz rechts das Zelt „Contrail" (750 g mit Aufstellstange) von der Firma Tarptent.

☺ **Extra-Tipp I**: Schlafsäcke nach dem Zeltaufbau stets sofort ausbreiten, damit sie Volumen und so Isolationsfähigkeit gewinnen. Morgens möglichst lange auslüften (möglichst auf links drehen) und damit trocknen.

☺ **Extra-Tipp II:** Ein Inlett ist eine gute Investition, damit wird der Schlafsack vor Schmutz und Schweiß geschützt. Varianten in Baumwolle wiegen um 300 g und trocknen schlecht. Seideninletts wiegen rund 140 g und haben ein kleines Packmaß.

Produktbeispiele Daunenschlafsäcke für ungefähr 185 cm Körpergröße inklusive Packsack (Komfort-, Grenz- und Extremtemperatur):

▷ *Cumulus, Lite Line 300* (+4, 0° C, keine Angabe), **670 g**, € 210
▷ *Raab, Ascent 330* (+7, +2, -13° C), **840 g**, € 220
▷ *Robens, Pamir 250* (+21, +6, -6 ° C), **620 g**, € 180
▷ *Salewa, Diadem Micro 120* (+12, +8, -4° C), **760 g**, € 100
▷ *Sir Joseph, Minimis 325* (+12, +7, -5° C), **380 g**, € 280
▷ *Vaude, Cheyenne 220* (+11, +6, -6° C), **800 g**, € 170
▷ *Yeti, Sunrizer 300* (+2, +7, -12° C), **800 g**, € 190
▷ *Yeti, V.I.B. 250 L* (+9, +5, -9° C), **660 g**, € 300
▷ *Yeti, Passion One L (*+15, + 12, -1° C), **360 g**, € 370

Produktbeispiele Kunstfaserschlafsäcke für ungefähr 185 cm Körpergröße inklusive Packsack (Komfort-, Grenz- und Extremtemperatur):

▷ *Bergans, Super Lite 180* (+17, + 14, +3° C), **680 g,** € 90
▷ *Marmot, Nano Wave 55* (+16, + 13, +1° C), **850 g**, € 70
▷ *Nordisk, Oscar +10* (+14, + 10, -2° C), **350 g**, € 270
▷ *Salewa, Micro 600* (+17, +12, +5° C), **700 g**, € 70

Sitzen

Selbst wenn man den ganzen Tag auf dem Rad gesessen hat: Abends möchten die meisten Leute trotzdem sitzen. Kleine Dreibeinhocker wiegen meist um die 700 bis 800 g. Deutlich weniger wiegt der € 20 kostende UQUIO Trinity: 250 g. Wesentlich bequemer (man kann sich anlehnen) ist der Helinox Chair 1: 890 g, € 110.

Kochen und Essen

Wenn es möglich ist, sollte man unterwegs essen gehen: Ein Imbiss kostet meist nicht viel, es geht schnell und man muss dann weder einkaufen noch Essen, Wasser und Brennstoff durch die Gegend fahren. Es gibt Radreisende, die auf einen Kocher verzichten. Wer doch einen haben möchte: Es gibt die Brennstoffe Spiritus, Gas und Benzin.

Von Benzin rate ich ab: Es stinkt, die Geräte sind teuer und es gibt ab und an technische Probleme.

Gaskartuschen sind nicht überall in der passenden Größe erhältlich – vorher erkundigen.

Spiritus gibt es dagegen (fast) überall. Nachteil: Der Brennwert ist im Verhältnis zum Gewicht nicht so hoch wie bei Gas. Vorteil: billig. Und man kann auf Kurzreisen immer die Menge mitnehmen, die man benötigt. Wer also weiß, dass er mit ungefähr 40 ml am Tag auskommt, nimmt für eine Woche nur 300 ml mit. Es gibt extrem leichte Spiritusbrenner. Weil die aber keinen Windschutz haben, benötigt man unter Umständen mehr Brennstoff. Titantöpfe sind sehr leicht, jedoch auch teuer. Anodisiertes Aluminium ist auch leicht und ist kratzfest. Das ist bei nicht beschichtetem Alu nicht der Fall – außerdem soll durch diese Töpfe Metall ins Essen gelangen, was gesundheitsschädlich sei. Dazu gibt es jedoch unterschiedliche Ansichten.

☺ **Extra-Tipps:** Brennstoff sparen – deshalb möglichst solche Speisen zubereiten, die nur erwärmt werden oder nicht lange kochen müssen. Für Kaffee Wasser nur auf 70° C erhitzen und Instantkaffee verwenden. Und möglichst windgeschützt kochen. Als Becher eignet sich Titan gut (z. B. Snow Peak, Single, 450 ml, 71 g, € 35), billiger ist Edelstahl (z. B. Meru, 80 g, € 4).

Produktbeispiele Spiritus:

▷ *Esbit Set*: 980-ml-Topf, 470-ml-Topf/Deckel, Brenner, Windschutz, **420 g**, € 35

▷ *Trangia Set Mini*: Brenner, Windschutz, Topf 700 ml, Deckel, Pfanne und Halter, **330 g**, € 32

▷ *Trail Design Caldera Keg Stove System*: Topf 740 ml, Windschutz, Brenner, Deckel, Isoliergefäß, **175 g**, € 50

▷ *Vargo Triat* (Titan, nur Brenner), **27 g**, € 30

Produktbeispiele Gas:

▷ *Campinggaz, Micro Plus Brenner*, **180 g,** € 25

▷ *Jetboil, Flash* (Set mit Brenner, 1-l-Topf, Deckel), **430 g,** € 120

▷ *Jetboil, Mikromo* (Set mit Brenner, 0,8-l-Topf, Deckel), **340 g**, € 160

- ▷ *MSR, Windburner* (Set mit 1-l-Topf, Schüssel 460 ml, Windschutz, Wärmetauscher), **470 g**, € 150
- ▷ *Optimus, Crux Brenner,* **74 g**, € 35
- ▷ *Optimus, Crux Lite Solo* (Set mit Brenner, Topf, Pfanne), 450 g, € 65
- ▷ *Primus, Express Brenner*, **82 g,** € 32
- ▷ *Primus, Kocherset Eta Lite* (500-ml-Topf mit Wärmetauscher und Deckel, Brenner), **374 g,** € 90

Stillleben im Gras: Das Spiritusbrenner/Kochtopfset Mini von Trangia wiegt lediglich 330 g. Zum Essen reicht ein Spork – eine Kombination aus Messer, Gabel und Löffel. Opinel-Taschenmesser sind preiswert, leicht und haben eine sehr gute Klinge. Kleine Behälter und Plastiktüten sind gut geeignet, um Vorräte platzsparend zu transportieren. Der winzige Dosenöffner auf der Suppentüte ist für „Notnahrung" sinnvoll.

Essen und Besteck

Man sollte nur so viel einkaufen, wie man benötigt. Am besten vor Tagestouren erkundigen, wo welche Geschäfte geöffnet sind. Sinnig ist ein Notvorrat, normalerweise reicht eine Mahlzeit. Reis-Fertiggerichte in der Tüte machen satt, sind leicht, lange haltbar und benötigen kaum Platz.

In Outdoor-Geschäften werden meist viele Messer angeboten. Wenn Sie unterwegs damit nicht angeben und auch niemanden erstechen wollen, lassen Sie die schweren und teuren Messer im Laden liegen. Aber ein Messer dabei zu haben, ist sinnig. Leicht, günstig und gut sind die Modelle von Opinel: z. B. das „Nummer 9": 8,5-cm-Klinge, 60 g. Es ist nicht rostfrei, deswegen lässt es sich leicht schärfen. Es kostet € 10 – Messer gehen schnell verloren, der finanzielle Verlust bleibt klein. Sehr empfehlenswert ist das Victorinox Classic Miniatur: Die 4 cm lange Klinge bleibt lange scharf, außerdem ist eine Pinzette, ein Zahnstocher, Schere und Nagelfeile dabei. Diese 24 g kosten € 20.

Ein Besteckset halte ich für unnötig. Solche aus Titan wiegen um die 50 g und kosten € 20. Die stabile Messer-Gabel-Löffel-Kombination Spork reicht, wenn das Teil nicht in harter Nahrung wie z. B. Erdnusscreme benutzt wird, denn dann kann es brechen: 9 g Plastik, € 2. Die gleiche Form in Titan wiegt 20 g, kostet € 18 und hält ewig.

Kleidung

Bei der Kleidung lässt sich sehr viel Gewicht sparen: Zum einen, indem man nur das Nötigste mitnimmt und zum anderen gibt es auch dort schwere und leichte Materialien.

Schuhe

Ganz falsch sind Wanderstiefel und Badelatschen: die einen viel zu schwer und sozusagen eine Bremse an den Fußgelenken, die anderen zu nachgiebig und für den Fuß belastend. Ich fahre mit im vorderen Bereich stabilen Fahrradschuhen, die auch für kurze Wanderungen geeignet sind (Paar um die 800 g). Sie trocknen schnell, sind bequem und kosten unter € 100. Diese Schuhe sind fürs Laufen auf Feldwegen gedacht, sie haben eine griffige, stabile Sohle. Vorsicht: Wer normale Sportschuhe benutzt, sollte darauf achten, dass die Schnürung klein oder noch besser unter Klettverschlüssen gesichert ist: Gerät der Schnürsenkel ins Kettenblatt, kann dies zum Sturz führen. Wichtig ist stets bei Schuhen: Die Sohle sollte recht stabil sein, denn sonst muss man bei jedem Tritt die Fußmuskeln stark anspannen, damit sich der Fuß nicht durchbiegt. Deshalb haben reine Radlerschuhe auch eine extrem steife Sohle – mit ihnen kann man aber kaum gehen.

Viele Langstreckenradler schwören auf „Systemschuhe“ für Klickpedale: Die haben in der Sohle eine Stelle, an der sich eine Metallplatte festschrauben lässt. Die kann in einer passenden Pedale einrasten, es gibt eine feste Verbindung. Der Kraftfluss ist besser, man kann nicht abrutschen. Außerdem lassen sich die Pedale nach oben ziehen, das gibt zusätzliche Vortriebsenergie – man wird schneller, es ist kraftsparender. Durch eine leichte Drehbewegung lassen sich die Schuhe „entriegeln“, der Widerstand ist einstellbar. Nachteil der Systemschuhe: Wer nicht schnell genug reagiert und sich beim Stopp mit dem Fuß nicht mehr abstützen kann, liegt auf der Seite.

Um nicht ein zweites Paar Schuhe mitnehmen zu müssen, sollten die Systemschuhe auch gut zum Gehen geeignet sein. Wer überwiegend auf Straßen geht, kann eher fein profilierte Schuhe wählen, Naturfreunde bevorzugen eher grobe Varianten. Shimano bietet seit 1990 das SPD-System an, die Abkürzung steht für „Shimano Pedaling Dynamics“.

Produktbeispiele (Gewichtsangaben grob, weil größenabhängig):

▷ *Cube, Pro MTBAll Mountain*, **995 g**, € 100
▷ *Exustar, ES530*, **1.080 g,** € 110
▷ *Lake, MX 160*, **810 g**, € 100
▷ *Pearl Izumi, X-Alp Drift III*, **760 g**, € 130
▷ *Rose, RMTS02* (Sandale), **1.170 g**, € 80
▷ *Scott, MTB Pro*, **750 g**, € 150
▷ *Scott, MTB Comp RS*, **840 g**, € 100
▷ *Shimano, SH-MT44G,* **850 g,** € 90
▷ *Shimano, CT 45*, **830 g**, € 90
▷ *Shimano, XM9* (Stiefel mit Knöchelschutz), **1.070 g**, € 200
▷ *Specialized, Rime Elite MTB,* **820 g**, € 140
▷ *Vaude, Exire*, **730 g,** € 130
▷ *XLC, CB-L05*, **1.060 g**, € 60

Wer auf Systempedale verzichtet, sollte Schuhe mit stabiler Sohle tragen. Turnschuhe wie die oben abgebildeten haben diese nicht, besser sind spezielle Fahrradschuhe, bei denen die Klick-Aussparung mit einem Gummistück verschlossen bleibt. Die Zehensandalen Teva Mush wiegen lediglich 220 g und sind gute „Zweitschuhe" für Strand und Campingplatz. Auch bei Socken lässt sich Gewicht sparen, wie an den dünnen und kurzen Exemplaren rechts zu sehen ist.

Leichte Sandale und Socken

Ständig dieselben Schuhe zu tragen ist schlecht für die Füße. Deshalb habe ich zusätzlich ein Paar leichte Sandalen dabei. Sie sind auch bei Regenschauern gut: Schnell die normalen Schuhe samt Socken trocken verpacken, den Regen mit Sandalen überstehen und bei Sonnenschein wieder wechseln. Die Sandalen trocknen schnell. Stabile Wandersandalen wiegen um die 800 g, die Teva Mush (€ 20) lediglich 220 g (Größe 45). Sie haben allerdings ein relativ weiches Fußbett.

Da sind wir schon beim Thema Socken: Sogenannte Funktionssocken leiten Feuchtigkeit ab und verringern die Gefahr von Blasen. Die sollte man vermeiden: Es dauert, bis Druckstellen wieder verheilt sind, das kann unfreiwillige Pausentage bescheren.

Ich selbst habe einmal wegen Blasen im Krankenhaus gelegen: Die Schuhe waren zu eng, es entstanden Blasen, ich achtete nicht weiter darauf und vier Tage später hatte ich eine Blutvergiftung.

Helm und Kopfbedeckung

Auf einen Helm sollte auf gar keinen Fall verzichtet werden. Ich habe einmal eine ältere Radfahrerin auf der Straße liegen sehen: Den Kopf blutüberströmt, sie rührte sich nicht mehr. Schwere Verletzungen am Schädel. Sie war abgebogen, ohne auf den nachfolgenden Verkehr zu achten. Ein Wagen hatte sie auf die Motorhaube genommen und ihr Kopf schlug gegen die Frontscheibe. Mit Helm wäre die Verletzung sicher nicht so stark gewesen.

Ein Helm schützt z. B. auch vor Steinen, die Autos aufwirbeln, vor Sonnenstich und -brand. Ein leichterer Helm trägt sich angenehmer als ein schwerer. Die meisten Modelle wiegen um die 350 g, es gibt jedoch auch einige Markenhelme, die lediglich 250 g wiegen. Wie so oft gilt, wer die letzten Gramm sparen möchte, muss tief in die Tasche greifen: Der Limar Pro 104 wiegt in der Größe M nur 170 g, kostet aber € 150. Die Stiftung Warentest hat mehrfach Fahrradhelme unter die Lupe genommen – guter Schutz muss nicht teuer sein.

Produktbeispiele:

▷ *Abus, Urban V2 Signal*, **285 g**, € 80
▷ *Alpina, Mythos 2.0*, **249 g**, € 80
▷ *B'Twin (Decathlon), Aerofit 900*, **200 g**, € 60
▷ *Bell, Annex Shield Mips*, **430 g**, € 170
▷ *Casco, Aktiv 2*, **292 g**, € 80
▷ *Cratoni, Pacer*, **239 g**, € 60
▷ *Crivit (Lidl), SP-61,* **310 g**, € 10
▷ *Lazer, Beam Mips*, **275 g**, € 55
▷ *Profex, Vega*, **260 g**, € 15
▷ *Specialized, Tactic II*, **308 g**, € 80
▷ *Uvex, Race,* **205 g**, € 150
▷ *Uvex, I-VO CC*, **225 g**, € 60

Als zusätzliche Kopfbedeckung haben sich Schlauchtücher bewährt, z. B. von Buff oder Had, die sich universell einsetzen lassen: Halstuch, Kopfbedeckung, Staubschutz für den Mund, Windschutz fürs Gesicht ... Sie wiegen um die 30 g und kosten um € 15.

Außerdem sollte man eine Brille tragen – auch wenn man sie eigentlich nicht fürs scharfe Sehen benötigt. Es könnte nämlich passieren, dass ein kleines Steinchen von einem vorbeifahrenden Auto stark beschleunigt wird und genau im Auge einschlägt. Unschön. Die Brille sollte eng an den Augen anliegen, auch seitlich schützen und vor allem oben nicht die Sicht begrenzen: Dann neigt man nämlich unbewusst dazu, den Kopf zu heben – Folge Nackenschmerzen.

Unterwäsche

Mit Unterwäsche kann man nur selten angeben, aber ich empfehle trotzdem, nur hochwertige zu kaufen. Funktionsunterwäsche ist teilweise sehr leicht. Kunstfaser leitet Schweiß schnell weiter und trocknet schnell. Baumwolle nimmt Feuchtigkeit auf, das kann auch zu wunden Stellen führen. Eigentlich reichen auf einer Fahrt drei gute Slips: einer am Körper, der zweite trocknet, der dritte als eiserne Reserve. Abends nach der Tour duschen und die tagsüber benutzte Unterhose waschen. Sie ist dann morgens trocken. Es gibt Reisende, die ohne Unterhose in Radlerhosen fahren. Da muss jeder das für sich Angenehme herausfinden.

Wiegt ein normaler Baumwolle-Slip um die 60 g, kann man bei Funktionsunterwäsche schon mit 20 g gekleidet sein. Mal drei sind das 120 g weniger Gewicht! Wichtig: Auf keinen Fall sollte eine Naht am Bein scheuern. Wunde Stellen können zwangsweise Ruhetage auf der Tour bedeuten. Es gibt auch spezielle Radlerunterhemden aus Kunstfaser.

Produktbeispiele Unterhemd:

- ▷ *Craft, Stay Cool Seamless*, **76 g**, € 40
- ▷ *Craft, Active Extreme RN LS*, **115 g**, € 40
- ▷ *Odlo, Evolution Light*, **104 g**, € 40

Wind, Regen und Kälte

Regenjacken schützen nicht nur vor Regen, sie haben eine weitere Funktion: Sie wärmen auch! Bei (Fahrt-)Wind kühlt der Körper schnell aus (Fachwort: „Windchill-Effekt“). Deshalb sollte eine leichte Regenjacke und -hose stets dabei sein. Sinnig ist, dass die Hose unten so weit ist, dass man sie auch mit Schuhen überziehen kann. Muss aber nicht sein – mal kurz die Schuhe auszuziehen ist eine Sache von zwei Minuten und eine gute Lockerungsübung. Die Regenjacke sollte an den Armen und am Rücken lang sein, sonst rutscht der Ärmel bis auf den Unterarm oder das Wasser fließt vom Rücken direkt in Richtung Hintern. Die Preise für Regenkleidung liegen bei einigen Herstellern auf dem Niveau eines billigen Rades. Es gibt jedoch auch leichte und günstige Alternativen. Vielleicht auf Dauer nicht ganz so stabil, aber für Gelegenheitsnutzer allemal ausreichend sind Regenjacken und Hosen von Discountern wie Aldi und Lidl. Auf Regenhosen kann man bei Temperaturen von über 14° C auch verzichten – die Regenjacke hält bis zum Gesäß trocken, die Bewegung hält die Beine warm, trocken werden sie durch den Fahrtwind, wenn der Schauer vorübergezogen ist. Sinnvoll sind allerdings Regengamaschen.

☺ **Extra-Tipp:** Die Oberbekleidung sollte nicht zu locker sitzen, denn herumflatternde Kleidung erhöht den Luftwiderstand.

Produktbeispiele Jacken (Herren Größe L):

▷ *Crane* (Aldi), Regenjacke, **465 g**, € 16
▷ *Endura, Xtract*, **196 g**, € 80
▷ *Gore Bike Wear, Power Trail GT AS Jacket,* **305 g**, € 260
▷ *Northwave, Traveller,* **590 g**, € 120
▷ *Pearl Izumi, Elite WxB*, **220 g,** € 165
▷ *Sportful, HotPack NoRain Jacket*, **155 g**, € 120
▷ *Shimano, MTB Explorer,* **270 g**, € 200
▷ *Vaude, Me Tremalzo Raine,* **230 g**, € 130
▷ *Vaude, Escape Bike Jacket III*, **620 g**, € 100

Produktbeispiele lange Hosen (Herren Größe L):

▷ *Crane* (Aldi), Regenhose, **260 g**, € 16
▷ *Endura, Superlite Overtrousers Hose,* **280 g**, € 85
▷ *Gore, Path Pants*, **290 g**, € 160
▷ *Löffler, GTX*, **270 g**, € 180
▷ *Protective, Dublin,* **270 g**, € 70
▷ *Rose, Secano,* **290 g**, € 70
▷ *Scott, Helium Active,* **240 g**, € 240

▷ *Vaude, Drop Pant,* **220 g**, € 70
▷ *Vaude, Tiak,* **270 g**, € 120

Wer lediglich eine gegen Wind schützende Jacke benötigt, kann bereits bei 75 g fündig werden.

Produktbeispiele (Herren Größe L):
▷ *Craft, Bike Featherlight*, **120 g,** € 90
▷ *Mavic, Altium,* **75 g**, € 75
▷ *Vaude, Air Jacket II*, **115 g,** € 60

Ganz wichtig sind Regengamaschen, denn die Schuhe und Socken trocken nur langsam. Nasse Füße können schnell zu Erkältungen führen.

Produktbeispiel:
▷ *Vaude*, Fahrradgamasche kurz, **100 g**, € 20

Sinnvoll ist auch ein Regenschutz auf dem Helm, falls die Jacke keine Kapuze hat.

Produktbeispiel:
▷ *Vaude*, Helmet Raincover, **32 g**, € 12

Spezielle Regenhandschuhe sind eigentlich nicht nötig. ☺ Tipp: Gratis und sehr leicht sind Einmal-Handschuhe von Tankstellen fürs Dieseltanken. Für den Helm lässt sich als Regenschutz eine Einweg-Duschhaube aus einem Hotel verwenden oder ein günstiger Plastik-Helmschutz. Zur Not lässt sich aus einem Müllsack eine Regenjacke basteln, einfach unter den Ecken zwei Löcher für die Arme hineinschneiden. Wenn es auf dem Rad kalt ist, kann man sich aus Plastiktüten, Luftpolsterfolie und Klebeband zur Not einen Schutz für Füße, Hals und Oberkörper basteln.

Hosen, Hemd und Handschuhe

Sicher haben sie auch schon Radler gesehen, die stark nach vorn gebeugt unterwegs sind und dabei die Hinterbacken zeigen – davon aber nichts ahnen. Die Oberbekleidung und die Hose sollten so lang sein, dass dies nicht passiert. Nur Synthetik kaufen, denn Baumwolle hat nur Nachteile: Kunstfaser leitet den Schweiß ab, trocknet schnell, ist klein verpackbar und leichter als Baumwolle. Sogenannte Trekkingkleidung hat gegenüber einem engen Radlerdress den Vorteil, dass man darin auch im Café oder Restaurant noch unauffällig gekleidet ist. Außerdem ist sie für andere Freizeitaktivitäten verwendbar. Sinnig sind Hemden mit langen Ärmeln, die lassen sich gegebenenfalls hochkrempeln. Die Reißverschlüsse machen die Hose teurer und schwerer – ich verzichte nun darauf und nehme eine lange und eine kurze Hose mit. Die Kleidung sollte eher eng anliegen. Herumflatternd vergrößert sie den Luftwiderstand – vor allem bei Gegenwind ein Nachteil. Mit Kleidungsstücken von Discountern habe ich schon oft gute Erfahrungen gemacht.

Ein Schlauchtuch (Mitte) kann universell eingesetzt werden. Hemden sollten lange Ärmel haben, dann sind sie universell einsetzbar - auch an kühlen Tagen. Rechts ist ein Langarmshirt von North Face zu sehen, das lediglich 105 g wiegt (ein normales Baumwollhemd mindestens das doppelte). Handschuhe schützen vor Sonne und Kälte, bei Stürzen und dämpfen etwas. Ob man mit einem normalen Slip (Mitte) oder einem mit spezieller Radlereinlage fährt, ist eine persönliche Entscheidung - ausprobieren.

Produktbeispiele lange Hosen (Herren Größe L):

- ▷ *Lidl, Crivit Trekkinghose,* **255 g**, € 10
- ▷ *Columbia, Silver Ridge*, **358 g**, € 65
- ▷ *Tchibo, Sporthose lang*, **300 g**, € 15
- ▷ *Hugo Boss, Jeans (aus Baumwolle) Arkansas*, **500 g,** € 100

Produktbeispiele Hemden mit langen Ärmeln (Herren Größe L):

- ▷ *Aldi, Crane Langarm-Funktionshemd*, **205 g**, € 10
- ▷ *Arc'teryx, Motus Crew,* **110 g**, € 70
- ▷ *Craghoppers, Nosi Life Nemla*, **200 g**, € 55
- ▷ *Decathlon, Arpenaz 500*, **175 g**, € 25
- ▷ *Frilufts, Alum,* **180 g**, € 50
- ▷ *Tchibo, Langarm-Funktionsshirt*, **232 g**, € 15

Handschuhe sollten nicht fehlen: Sie schützen vor Sonne, bei Stürzen vor Verletzungen, bei Regen, Kälte und Handschmerzen (Polsterung!). Ob lange Versionen oder ohne Fingerbereich sollte von der Reiseregion abhängen.

Produktbeispiele Radhandschuhe (Größe L):

- ▷ *Roeckl, Bike Glove Nottwil*, **40 g**, € 13
- ▷ *Salewa, Tour WS Glove* (Fingerling mit aufklappbarem Vorderteil), **85 g**, € 40
- ▷ *Specialized, BG Sport Glove*, **48 g**, € 20

Waschen

Mit häufigem Waschen lässt sich mit drei Unterhosen, drei Hemden und zwei Hosen wochenlang fahren – das spart viel Gewicht und auch Geld. Wichtig ist, dass alle Kleidungsstücke gut trocknen, also aus Synthetik oder Mischgewebe mit niedrigem Baumwollanteil bestehen. Bewährt hat sich folgende Vorgehensweise: Nach der Fahrt duschen, die getragene Kleidung sofort mit biologisch abbaubarer Kernseife (Tubenwaschmittel ist eine Alternative) waschen. Im Hotel mit dort vorhandenen Handtüchern sanft ausdrücken, dann an einem luftigen Ort zum Trocknen

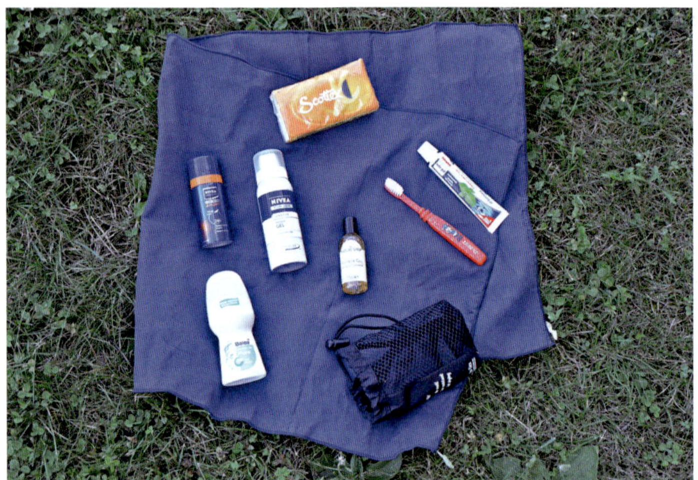

Ein schnell trocknendes Microfasertuch reicht als Handtuch (unten) für einen ganzen Urlaub. Kosmetikartikel gibt es in kleinen Verpackungen wie die Zahncreme. Eine Kinderzahnbürste ist etwas kleiner als die Erwachsenenversionen. Deo in Plastikdose und nicht in Glas abgefüllt mitnehmen.

aufhängen. Camper legen sie im Zelt über das Innenzelt, dann kommt nachts Luft an die Kleidung, sie ist gleichzeitig vor Feuchtigkeit geschützt (draußen z. B. über das Fahrrad legen ist nicht sinnvoll, die Wäsche ist morgens vom Tau meist feucht. Während der Fahrt lassen sich Kleidungsstücke in Netzbeuteln oder luftig aufgehängt trocknen (Gut befestigen!). In manchen Ländern mit Münzwaschautomaten vorsichtig sein: Zum Beispiel wird in Australien nach meiner Erfahrung sehr aggressives Waschmittel benutzt und die Maschinen drehen die Wäsche nur wie ein Karussell im Kreis. Ergebnis: nicht besonders sauber, aber das Gewebe ist schnell kaputt.

Zwei Wäscheklammern sollten dabei sein: Um z. B. während der Fahrt Socken an Bremskabelhülle am Lenker befestigen und dort trocknen zu können.

Kulturbeutel und sein Inhalt

Wieso er so heißt, ist mir ein Rätsel. Haben die Deutschen darin ihre Kultur versteckt?

Auch ihn kann man erleichtern: Zum einen sollte der Beutel möglichst leicht sein. Zum anderen ist es empfehlenswert, Probierfläschchen oder Kleinpackungen zu nehmen. So gibt es in Drogerien Rasierschaum in 50-Milliliter-Dosen. Sparsam verwendet, reicht er drei Wochen. Dazu Einwegrasierer: leicht und pro Stück eine Woche benutzbar. Auch Deos gibt es oft in Probiergröße.

Empfehlenswert ist Kernseife: in der Natur biologisch abbaubar, günstig und auch als Waschmittel für Wäsche nützlich. Für eine Woche reichen 40 g. Unsinnig sind (auch daheim) Flüssigseifen: Da wird vor allem Wasser verkauft. Ein Kosmetik-Spiegel ist überflüssig, ein auch dafür nutzbarer Rückspiegel sollte sowieso am Fahrrad sein.

Elektronik und Karten

Geräte wie Handy, Laptop und GPS-Gerät können mit Ladegeräten über den Dynamo mit Strom versorgt werden. Dafür sollte man einen hochwertigen Nabendynamo haben. Wer jedoch spätestens jeden dritten Tag auf einem Campingplatz ist, kommt oft mit Hochleistungsakkus und Ladegerät finanziell günstiger.

Wer sich ein GPS-Gerät fürs Rad zulegt, sollte auf eine lange Betriebsdauer achten. Ein Trend ist eine Navigations-App auf dem Smartphone. Vorteil: Ein Gerät samt Ladekabel entfällt. Allerdings ist das Smartphone stromhungrig. Weil die Angebote schnell wechseln, verzichte ich auf Geräteangaben. Auch wer mit GPS fährt, benötigt Karten falls das Gerät ausfallen sollte.

Karten sind relativ schwer. Fährt man längere Stecken, kommt schnell über 1 kg zusammen. Besonders dann, wenn man nur Teile der Karte benötigt, sind Fotokopien sinnvoll. Die kann man nach dem Streckenabschnitt wegwerfen. Scannen, auf USB-Stick speichern, bei Bedarf im Hotel- oder Campingplatz-Rezeption ausdrucken. Karten und Kopien sind in Klarsichthüllen feuchtigkeitsgeschützt.

Reiseführer und Karten wiegen viel. Teilweise lohnt es sich, nur die notwendigen Seiten als Kopie mitzunehmen. Die kleinen gelben Reclam-Bändchen kennt jeder aus der Schule – ideale Reiselektüre, es gibt nicht nur Klassiker im Programm.

☺ **Extra-Tipp:** Falls Sie doch zu viel Gepäck dabei und womöglich auch schon Souvenirs gekauft haben: Landkarten, überflüssige Reiseführer und anderes per Paket nach Hause schicken.

Übersicht Radgewichte

Hier eine Liste, bei der die am meisten ins Gewicht fallenden Sachen bei Rad und Gepäck aufgezählt sind. Es kommen also noch Kleinteile hinzu wie beispielsweise Sonnencreme und Brille. Bei „Normal“ habe ich gebräuchliche Dinge aufgelistet. Es gibt Leute, die sind mit deutlich mehr Gepäck unterwegs oder wählen schwereres Material, vor allem bei Rad und Zelt.

	Sehr leicht	**Leicht**	**Normal**
Fahrrad	Centurion Cyclo-cross, 9,5 kg	Trenga GLS 5.0, 12 kg	Fahrradmanufaktur T 1000 Comfort Rohloff, 15,8 kg
Pedale	Ritchey Pro Micro, 210 g	Shimano 105 Käfig, 242 g	(Serie)
Bar Ends	--	(Serie)	Titec L-Bends, 150 g
Gepäckträger hinten	Tubus Airy, 230 g	(Serie)	(Serie Tubus Cargo)
Gepäckträger vorn	--	--	Tubus Tara, 550 g
Tasche hinten	Ortlieb Back Roller City, 1,52 kg	Ortlieb Back Roller Plus, 1,68 kg	Vaude Aqua Back, 2,1 kg
Tasche vorn	--	--	Vaude Aqua Front Roller, 1,4 kg
Lenkertasche	--	Ortlieb Ultimate Plus L, 700 g	Vaude Aqua Box, 850 g
Rahmentasche	--	Extreme Easy Bag XL, 215 g	Extreme Easy Bag XL, 215 g
Packsack	Sea to Summit Ultra-Sil 20 L, 50 g	Sea to Summit Dry Sack 20 L, 120 g	Ortlieb Packsack L, 500 g
Flaschenhalter	zwei Tacx Tao, 80 g	drei leichte Alu gleich, 150 g	drei normale Alu gleich, 180 g
Gewicht Rad	**11,590 kg**	**15,107 kg**	**21,745 kg**
Ersatzteile und mehr			
Schlauch	--	Schwalbe SV 18 Light, 103 g	Schwalbe SV 17, 50 g
Werkzeug	Topeak Mini 9, 92 g	Topeak Mini 20 Pro, 150 g	Topeak Mini 18+, 187 g
Luftpumpe	Blackburn AirStik SL, 59 g	(Serie)	(Serie)

	Sehr leicht	**Leicht**	**Normal**
Flickzeug	50 g	50 g	50 g
Schloss	Schlaufenkabel u. Vorhängeschloss, 100 g	Kryptonite Evolution Mini, 840 g	Abus Granite City Chain X-Plus, 2,6 kg
Licht	Blackburn Flea, 34 g	(Serie)	(Serie)
Rückspiegel	--	--	Busch und Müller, 50 g
Gewicht Ersatzteile	**0,335 kg**	**1,143 kg**	**3,037 kg**
	Schlafen/Sitzen		
Zelt	Tarptent Moment, 850 g	Vaude Hogan Ultralight 1.700 g	Hilleberg Unna, 2.000 g
Zeltunterlage	--	250 g	250 g
Isomatte	Therm-a-Rest Neoair, 410 g	Therm-A-Rest Neoair L, 550 g	Exped Synmat, 900 g
Schlafsack	Big Pack Ultimate, 650 g	Meru Colibri Down, 820 g	Nomad Tennant Creek, 1,6 kg
Inlett	--	Seide, 130 g	Baumwolle, 290 g
Hocker	--	--	Alu, 800 g
Gewicht Schlafen	**1,91 kg**	**3,45 kg**	**5,84 kg**
	Kochen/Waschen		
Kocher/Töpfe	Trail Design Keg Stove System, 175 g	Trangia Mini, 330 g	Primus Eta Pack Lite, 750 g
Besteck	Spork, 9 g	Titanset, 54 g	Edelstahl, 184 g
Messer	Victorinox Classic Miniatur, 24 g	Opinel Nr. 6, 30 g	Herbertz Camping, 170 g
Gas/Spiritus	125 g	250 g	400 g

	Sehr leicht	**Leicht**	**Normal**
Waschen	kleine Seife und Deo, 100 g	Seife, Deo, Duschgel, 200 g	Deo, Seife, Duschgel, Waschmittel, 350 g
Gewicht Kochen	**433 g**	**864 g**	**1,854 kg**
Bücher/Karten			
Karten	USB-Stick mit Scans, Ausdrucke, 40 g	300 g	300 g
Bücher	250 g	500 g	1,2 kg
Gewicht Karten/Bücher	**0,29 kg**	**0,8 kg**	**1,5 kg**
Elektronik			
Laptop/ Notebook	--	1,3 kg	2 kg
Tacho	50 g	50 g	50 g
GPS	--	--	Garmin Vista HCx, 190 g
Handy + Ladegerät	150 g	150 g	150 g
Kompakt-kamera	(nur Handykamera)	150 g	--
Spiegelreflex + Objektiv	--	--	1,2 kg
Gewicht Elektronik	**0,2 kg**	**1,65 kg**	**3,59 kg**
Kleidung			
Hose I	Sugoi Pulsar Short, 170 g	Tchibo Sporthose, 300 g	Tchibo Sporthose, 300 g
Hose II	Columbia Action, 290 g	Columbia Action, 290 g	Jeans, 550 g
Unterhose	2 x 20 g = 40 g	3 x 30 g = 90 g	4 x 60 g = 240 g

	Sehr leicht	**Leicht**	**Normal**
Regenhose	Dri Ducks, 115 g	Jeantex Toulouse, 200 g	Vaude Drop Pant, 220 g
Regenjacke	Dri Ducks, 165 g	Gore Cosma, 510 g	Vaude Escape, 650 g
Ledergürtel	--	--	150 g
Schuhe I	Lake MX 90, 770 g	Stabile Laufschuhe, 800 g	Wanderhalbschuhe, 1.100 g
Schuhe II	Teva Mush, 220 g	Teva Mush, 220 g	Sandale, 800 g
Hemd/Shirt I	North Face Langarm, 105 g	Meru Tunika, 150 g	Aldi "Funktionshemd", 235 g
Hemd/Shirt II	Gore Phantom Summer, 190 g	Baumwollhemd, 220 g	3 x Baumwollhemd à 220 g = 660 g
Jacke	(nur Regenjacke)	Jeantex, 880 g	Jeantex, 880 g
Fleecejacke/ Pullover	Jack Wolfskin Moonrise, 410 g	Jeantex, 570 g	Vaude, 890 g
Helm	Specialized S-Works, 218 g	Abus Urban I, 252 g	Giro Athlon, 340 g
Handschuhe	40 g	50 g	60 g
Socken	2 x Falke Run Socks à 30 g = 60 g		4 x Meru Hikingsokke à 60g = 240 g
Gewicht Kleidung	**2,793 kg**	**4,592 kg**	**7,315 kg**
Gewicht insgesamt	**17,551 kg**	**27,606 kg**	**44,881 kg**
		Essen/Wasser	
Nahrung dabei	1 kg	2 kg	3 kg
Wasser dabei	2 kg	3 kg	4 kg
Gewicht Essen/Wasser	**3 kg**	**5 kg**	**7 kg**
Startgewicht insgesamt	**20,551 kg**	**32,606 kg**	**51,881 kg**

Transport

Insbesondere bei Flugreisen ist eine gute Verpackung wichtig. Eine vergleichsweise teure Möglichkeit sind spezielle Versandtaschen. Die eignen sich nur, wenn man am Zielort eine Rundfahrt macht und die Taschen gut lagern kann. Preiswerter ist ein Karton vom Radhändler. Insbesondere im Frühjahr kommen viele neue Räder in die Läden und damit auch Kartons. Sie eignen sich zumindest für den Hinflug. Und auf dem Rückflug? Aus vielen kleinen Kartons und Klebefilm einen Schutz basteln.

Erkundigen Sie sich vorher bei den Fluggesellschaften, was beim Transport beachtet werden muss.

Wie mit den Rädern umgegangen wird, hängt nur vom Bodenpersonal ab, die Airlines haben damit nichts zu tun. Oft werden Räder und andere Sportgeräte auf einen Haufen geworfen. Gefährdet sind bei solchen Behandlungen vor allem die Schaltung, die Räder und der Rahmen. Den Rahmen kann man zusätzlich schützen, indem in den Flaschenhaltern Plastikflaschen stecken, und um Oberrohr und Unterrohr Luftpolsterfolie wickeln und damit nicht geizen. Lenker samt Vorbau herausnehmen und geschützt befestigen (eventuell im Rahmendreieck). Wichtig ist, dass Lenker und Rahmen sich nicht berühren und damit gegenseitig beschädigen können. Sattelstütze ganz tief hineinschieben. Abmontierte Pedale für den Flug nicht so anbringen, dass sie nach innen montiert sind: Falls jemand den Karton ruppig bewegt und damit die Pedale, könnten sie verschoben werden und so den Rahmen beschädigen.

Schreiben Sie groß „Bike“ auf den Karton. Manche „Flugradler“ lassen beim Verpacken mit Absicht die Räder hervorlugen in der Hoffnung, dass die offensichtliche Gefährdung dazu führt, dass pfleglicher mit dem Karton umgegangen wird. Leider weiß niemand, ob das auch der Fall ist. Und: Nach der Ankunft sofort auf Schäden kontrollieren und gegebenenfalls sofort bei der Fluglinie reklamieren! Selbst falls ein Schaden anerkannt wird: Es gibt nur bis zu rund € 1.200 Schadensersatz.

Ergonomie

Allgemeine Überlegungen

Grundsätzlich sollte man so fahren, dass man sich dabei wohlfühlt. Andererseits haben wir uns eine bestimmte Sitzposition angewöhnt, Änderungen empfinden wir oft zuerst als unangenehm. Das gilt auch für diejenigen, die mit Rundrücken sitzen und dann in die ergonomisch gute S-Position wechseln. Deshalb sollte man Neues erst mal mindestens 10 km ausprobieren.

Einen Rundrücken kann man daran erkennen, dass ab dem Gesäß der Rücken halbkreisförmig gewölbt ist. Bei der S-Haltung sind die unteren Wirbel über dem Gesäß in einer relativ geraden Linie angeordnet, bei den Schulterblättern gibt es einen Bogen nach oben.

Beispiel Lenkergriffe: Als ich das erste Mal mit den Lenkergriffen „Biogrip“ fuhr, wollte ich sie am liebsten sofort austauschen. Nach einigen Fahrten fand ich sie sehr angenehm. Ausprobieren! Beim Radhändler des Vertrauens sollte man deshalb die Umtauschmöglichkeit vereinbaren.

Rahmen

Die Sitzposition und die Rahmenmaße haben zwar mit dem Gewicht wenig zu tun, aber dieses Thema ist mir wichtig, weil die Tour schwer oder gar eine Qual wird, wenn es nicht passt. Für viele Leute ist die erste längere Ausfahrt mit dem Rad so unangenehm, dass der Beschluss fällt: Ein Radurlaub kommt nicht mehr infrage. Insbesondere, wenn Sie ihren Partner oder Freunde davon überzeugen wollen, sollte die Sitzposition stimmen, damit die Tour nicht zur Tortur wird.

Grob gesagt: Wenn man sich auf einem Rad nach 100 km noch wohl fühlt, dürfte die Ergonomie stimmen. Schmerzen in Knien, Händen, Schultern, Hintern, Nacken oder Rücken sind Belege für falsche Sitzposition, Rahmen, Sattel oder Lenker. Manchmal kaufen sich Leute deshalb ein neues Fahrrad, obwohl eine simple Justage, ein neuer Vorbau, Lenker oder Sattel die Probleme beseitigt hätte.

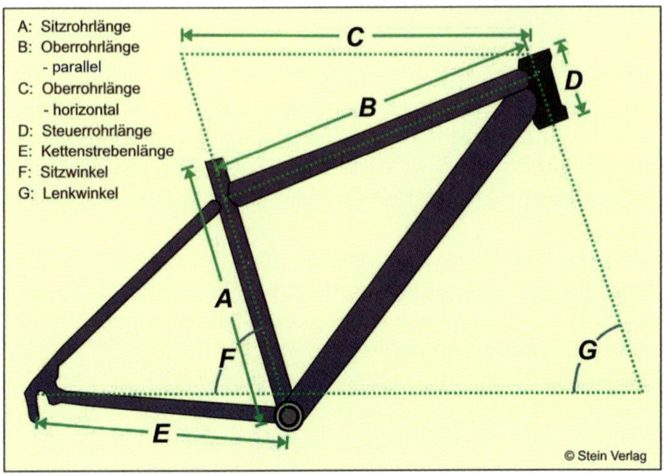

Nun könnte man bei einem eigentlich zu kleinen Rahmen auf folgende Idee kommen: Sattelrohr weit ausfahren – Abstand zu den Pedalen passt. Einen hohen und 15 cm langen Vorbau montieren – Abstand Sattel - Lenker passt. Folglich sitzt man gut. Das stimmt auch. Aber: Zum einen wird ein Vorbau instabiler, je länger er ist. Und zum anderen ist das Lenkgefühl meist unangenehm, wenn der Vorbau länger als 12 cm ist. Fazit: Die Rahmengröße ist zwar nicht das alles entscheidende Maß, sollte aber trotzdem stimmen.

Und wie kommt man zur richtigen Rahmengröße? Da gibt es Faustregeln. Man misst die sogenannte Schrittlänge und multipliziert mit einer Konstanten. Die Schrittlänge ist der Abstand zwischen Boden und Schritt. Man klemmt sich ein Buch oder Lineal am höchstmöglichen Punkt zwischen die Beine, um daran gut messen zu können, stellt sich aufrecht hin und misst die Entfernung zum Boden. Hat man z. B. eine Schrittlänge von 90 cm gemessen, gilt die Regel für Trekkingräder mal 0,61 soll die richtige Rahmengröße ergeben – also 55. Die Sache hat zwei Haken: Zum einen gibt es schnell Messfehler, misst man z. B. 88, ist man bei Rahmenhöhe 53,7. Zum anderen wissen wir, dass der Abstand vom Sitz zum Lenker wichtiger ist. Und der ist je nach Rahmenbauer unterschiedlich: Ein 55er-Rahmen kann eine Oberrohrlänge von 53, 55, 57 oder andere Längen haben. Außerdem spielt die individuelle Vorliebe eine Rolle. Deshalb sollte man auf die genannten Rechenregeln auf keinen Fall vertrauen.

Was hinzukommt: Viele Rahmen haben eine Slooping-Geometrie, das bedeutet ein zum Sattel abfallendes Oberrohr. Ist das der Fall, ist meist auch das Sitzrohr kürzer als bei waagerechtem Oberrohr – die Sattelstütze ist zum Ausgleich länger. Das Oberrohr wird übrigens immer mit der „fiktiven Länge“ angegeben: Also die Länge, die das Oberrohr hätte, wenn es gerade wäre. Dazu wird waagerecht vom oberen Bereich des Steuerrohrs bis zur Sattelstütze gemessen – jeweils „Mitte - Mitte“.

Fazit: Die Schrittlänge und die nach Faustformel errechnete Rahmengröße ist nur ein Annäherungswert. Bestimmte Fahrradhändler bieten Messmaschinen an, auf denen die individuelle Größe eingestellt wird. Beispiel aus der Praxis: Ich war bei einem Händler, um ein Reiserad mit 26-Zoll-Rädern Probe zu fahren. Der Händler hat es als sein eigenes Rad benutzt, er ist exakt so groß wie ich (1,85 m) und hat die gleiche Schrittlänge (90 cm), er fühlt sich sehr wohl auf dem Rad. Folglich müsste mir der 57er-Rahmen perfekt passen, obwohl laut unserer Beispielrechnung eigentlich 55 cm für mich besser wäre. Ich war damit eine Stunde unterwegs und hatte die ganze Zeit das Gefühl, dass mir der Abstand zum Lenker zu klein ist. Das konnte ich nicht glauben, schließlich waren wir exakt gleich groß. Irgendwann habe ich die Handballen oben auf den Lenker gelegt, damit war die Handinnenfläche – mein Griffbereich – 2 cm weiter vorn. Nun passte es. Der Händler empfahl, beim 57er-Rahmen zu bleiben und einen zwei bis 3 cm längeren Vorbau einzubauen. Bei einem anderen Händler fuhr ich das gleiche Rad mit 61er-Rahmen Probe – ich fühlte mich sofort darauf wohl.

Wohlgemerkt: Laut Faustregel wäre der 55er-Rahmen für mich passend gewesen. Deshalb der dringende Rat: Probefahrt! Und zwar nicht nur zehn Minuten, sondern eine Stunde. Bergauf, bergab, schnell, langsam. Hat ihr örtlicher Händler nicht die passende Rahmengröße vorrätig, probieren Sie es bei einem anderen Fahrradgeschäft in der Umgebung aus. Manche Hersteller haben auf der Homepage eine Aufstellung, welcher Händler welches Rad zur Probefahrt anbietet.

Der Rahmen samt Gabel hat Einfluss auf die Fahreigenschaften. Bei Probefahrten wird oft ein „handliches“ Fahrrad, das sich gut lenken lässt, als angenehm empfunden. In der Stadt und im Gelände ist das auch gut – auf Langstrecke ist dagegen ein stabiler Geradeauslauf wichtig. „Handlich“ und gut auf der Probefahrt kann möglicherweise bei langer Fahrt als „nervös“ empfunden werden.

Radstand und Nachlauf bestimmen wesentlich das Fahrverhalten. Darüber hinaus spielen auch noch Vorder- und Hinterbaulänge eine Rolle, indem sie die Lage des Gesamtschwerpunktes durch die Positionierung des Fahrergewichts mitbestimmen. Beispiel: Ein langer Radstand sorgt für guten Geradeauslauf, das Rad ist aber nicht mehr so wendig.

Einstellungen

Was man oft auf den Straßen beobachten kann, ist ein zu geringer Abstand Sitz-Pedale bei den Radlern. Das ist daran zu erkennen, dass das Bein beim Kurbeln in der tiefsten Position im Kniebereich immer noch deutlich angewinkelt ist. Ich habe schon einige solcher Fahrer angesprochen, manche sagen, dass sie mit einem tief eingestellten Sattel besser mit den Füßen den Boden erreichen. Das stimmt nur, wenn man an der Ampel bequem sitzen bleiben will. Aber mit einem zu tief sitzenden Sattel wird das Radeln unnötig erschwert und die Kniegelenke leiden stark darunter. Probieren Sie Folgendes aus: Gerade hinstellen und dann in die Hocke gehen. Wenn Sie sich jetzt wieder erheben, stellen Sie fest: Wenn die Beine am meisten angewinkelt sind, ist der Kraftaufwand am größten (also tief unten). Wenn Sie schon fast aufrecht stehen, sind die letzten 5 cm beim Durchstrecken der Beine am einfachsten. Beim zu niedrig eingestellten Sattel sind die Beine immer angewinkelt, deshalb wird die Kraft beim Durchstrecken der Beine, also da, wo die Muskeln am besten arbeiten können, nicht aufs Pedal übertragen. Und weil die Kniegelenke stark angewinkelt belastet werden, leiden sie. Der Sattel sollte so eingestellt werden, dass die Beine während der Fahrt (nicht im Stand!) fast durchgestreckt sind. Die Betonung liegt auf „fast“! Wenn sie durchgestreckt werden, tut das den Kniegelenken auch nicht gut. Beobachten Sie sich selbst und justieren Sie die Sattelstütze wenige Millimeter nach oben oder unten.

Nackenschmerzen: Falls Sie während der Fahrt Nackenschmerzen bekommen, heben Sie wahrscheinlich ständig den Kopf leicht an. Das kann mehrere Ursachen haben. Die eine: Der Lenker ist zu tief. Eine andere: Sie sind Brillenträger und der obere Rand der Brille kommt ständig ins Blickfeld, deshalb heben Sie den Kopf leicht. Da helfen Brillen, die möglichst hoch auf der Nase sitzen und deren Gläserfassung nicht im Blickfeld ist.

Was ich auch aus eigener Erfahrung kenne: Der Helm hat vorn eine Art Spoiler. Bei gebeugter Sitzhaltung liegt der im Blickfeld – auch hier hebt man den Kopf etwas an, um besser sehen zu können. Ich habe bei meinem Helm den Spoiler abgetrennt – nun muss ich den Kopf nicht mehr heben (und transportiere wieder ein paar Gramm weniger ...).

Nun sind wir bei der optimalen Sitzposition. Die gibt es nur individuell, und das auch je nach Einsatzzweck: Auf meinem Stadtflitzer sitze ich etwas „kompakter" als auf meinem Reiserad. Beim Tourer ist der Lenker etwas niedriger und schmaler. Auf dem „Pistenrad" habe ich einen breiteren Lenker montiert.

Viel wichtiger ist der Abstand zum Lenker. Ist er zu kurz, sitzt man wie schon erwähnt mit Rundrücken. Ist er zu lang, sitzt man zu gestreckt. Jedes Mal sind Rückenschmerzen die Folge. Die optimale Sitzposition ist leicht S-förmig: Direkt über dem Gesäß ist die Wirbelsäule relativ gerade, vor dem Brustbereich steigt sie an.

Für die optimale Länge zwischen Lenker und Sattel sollte das Oberrohr eine entsprechende Länge haben. Wo es Spielraum gibt, ist der Vorbau: Damit kann man je nach Vorbaulänge und -winkel den Lenker näher am Steuerlager oder weiter davon entfernt montieren, außerdem höher oder niedriger. Hier kann ein Zentimeter entscheidend sein.

Was und wie viel sich bei unterschiedlichen Rahmengrößen ändert, ist je nach Hersteller unterschiedlich. Meist die Höhe des Sitzrohres, des Oberrohres und – das ist wichtig – auch die Höhe des Steuerrohres je nach Rahmengröße unterschiedlich.

Beispiel: 57er-Rahmen, Oberrohrlänge 58 cm, Steuerrohr 15 cm und 60er-Rahmen, Oberrohrlänge 61 cm und Steuerrohr 15 cm. Es kann jedoch sein, dass ein Hersteller beim 57er-Rahmen das gleiche Oberrohr und das gleiche Steuerohr verwendet wie beim 60er. Fast alle veröffentlichen Geometrietabellen für ihre Räder im Internet, vergleichen Sie.

Ich rate deshalb dazu, Räder nicht im Versandhandel, sondern beim Händler vor Ort zu kaufen, der einen guten Service bietet. Bei meinem Stadtrad hat mir die Sitzposition bei der ersten längeren Probefahrt wunderbar gepasst. Nach 100 Kilometern habe ich gemerkt, dass der Vorbau etwas höher und länger sein sollte. Der Händler hat ihn getauscht, Arbeitszeit und Material waren kostenlos! Bei einem Rad aus dem Versand hätte ich einen neuen Vorbau für rund € 30 kaufen und die Montage selbst erledigen müssen. Da ist der Preisvorteil des Versenders – wenn es einen gibt – schnell dahin.

Vorbau/Lenker

Der Vorbau ist die Verbindung zwischen Lenker und Steuerrohr. Serienmäßig sind oft solche, die in der Neigung verstellbar sind („winkelverstellbar“). Davon rate ich ab. Wer einen solchen hat, stellt ihn meist einmal optimal ein und lässt ihn dann in der Position. Das Gelenk wird nur über eine Schraube gesichert, eine mögliche Bruchstelle. Außerdem wiegt ein verstellbarer Vorbau mehr als ein normaler, ich empfehle daher einen normalen Vorbau zu kaufen, der die optimale Höhe und Länge hat.

Es gibt jedoch zwei Alternativen – ☞ Kapitel „Lenker“ S. 49.

Lenkerbreite und -form

Die „sportlichen“ Mountainbike-Lenker sind in Mode. Diese sind meist an den Griffbereichen nach oben gebogen. Zur Ergonomie eine Übung: Nehmen Sie bitte zwei Kugelschreiber in die zu Fäusten geballten Hände und lassen sie die Stifte herausragen. Dann legen Sie die Hände schulterbreit vor sich auf den Tisch. Nun haben sie die natürliche Handhaltung: Der Lenker muss also an den Endstücken nach unten angewinkelt sein. Nicht ganz so stark wie der Winkel, den die Kugelschreiber anzeigen, denn die Ellenbogen sollen auf dem Rad leicht nach außen zeigen. Fahren Sie dagegen mit einem wie oben beschriebenen Lenker, sind die Ellenbogen sehr stark nach außen angewinkelt – auf Dauer ist das meist unbequem. Beim

Die auf der Innenseite des Lenkers angebrachten Hörnchen sind vor allem bei Gegenwind sinnvoll. Die Sitzposition wird windschnittiger. Sie sind allerdings nur für kurzzeitigen Einsatz gedacht. Wer lange gebeugt und bequem fahren möchte, kann sich einen Triathlon-Aufsatz zulegen. Damit kann man sich mit den Unterarmen abstützen. Der Flaschenhalter am Lenker bringt etwas mehr Gewicht aufs Vorderrad, die Flasche lässt sich gut greifen.

Lenker gibt es folgende Angaben: Breite, die Erhöhung (englisch Rise), der Winkel der Griffseiten nach oben (Up Sweep) und zum Fahrer hin (Back Sweep). Ich empfehle keinen Winkel nach oben, sondern eher einen nach unten sowie einen Winkel zum Fahrer von neun bis zwölf Grad. Die Lenkerhöhe sollte individuell festgelegt werden.

Lenkergriffe

Sinnvoll ist es auf jeden Fall, ergonomische Griffe zu kaufen. Die stützen die Handinnenfläche so ab, dass das Handgelenk nicht abknicken kann. Die Modelle von Ergon haben viele Fans, die Griffe sind aber in der Normalausführung recht schwer und teuer, in der Leichtbauweise noch teurer.

Es gibt auch günstige Alternativen, z. B. vom Rose-Versand. Bei Griffen gibt es eine unüberschaubare Auswahl – wichtig ist, dass man sie festschrauben kann, dann sind sie exakt fixiert. Nicht jeder, der ergonomisch aussieht, ist es auch. Männer mit großen Händen finden andere Griffe bequemer als Frauen mit kleinen Händen, außerdem hängt dies auch davon ab, wie stark man sich aufstützt. Weiter ist im Gelände ein gutes Umgreifen wichtig, damit man den Lenker ganz fest in der Hand hat, da stören große Flügel. Wer sich stark auf die Hände aufstützt – die eigentliche Ursache für Schmerzen im Gelenk – sitzt jedoch falsch oder hat nur eine schwach ausgeprägte Rückenmuskulatur. Die Muskeln im Rücken sollten den Oberkörper in der geneigten Position halten – vor längeren Touren sind Kräftigungsübungen empfehlenswert.

Sattelstützen

Es gibt Sattelstützen, die oben leicht gekröpft sind, andere enden gerade. Durch den Versatz ändert sich die Sitzposition leicht um wenige Zentimeter – aber möglicherweise entscheidend.

Wichtig ist das Knielot: Vom Punkt unter dem Kniegelenk am Unterschenkel aus sollte es senkrecht durch die Pedalmitte gehen – und zwar dann, wenn das Pedal am weitesten Punkt nach vorn (also waagerecht) steht. Die richtige Ausrichtung Knie-Pedal beugt Gelenkschäden vor und der Kraftfluss ist optimal. Steht das Knie weiter vorn, wird es ungünstig belastet. Steht es weiter hinten, kommt die Muskelkraft nicht richtig auf die Kurbel. Probieren Sie es: Ein Gewicht an eine Schur hängen, das Bein so auf die Pedale setzen, wie Sie es beim Fahren machen, und dann messen. Vorsicht: Oft wird der Fuß beim Messen anders aufs Pedal gesetzt als während der Fahrt – das verfälscht das Ergebnis. Falls Sie kein Lot zu Hause haben: Einfach einen kleinen Schraubenschlüssel an einen Bindfaden oder ein Stück Angelschnur hängen und „abseilen“. Das sollte möglichst ein Helfer tun.

Sattel

Eine weitere Möglichkeit, um den Abstand Lenker-Sattel zu verändern, ist das Verschieben des Sattels. Damit wird auch das Knielot (siehe Sattelstützen) verändert – also Vorsicht. Sitzt der Sattel nicht in der Mitte der Halterung, ist die Belastung nicht optimal. Ich fuhr einmal ein Rennrad mit zu kleinem Rahmen, bei dem ich die Sitzposition durch Zurückschieben des Sattels ausgeglichen hatte, weil für mich die Länge Sattel-Lenker zu kurz war. Danach ist mir mehrmals während der Fahrt die Halteschraube des Sattels gerissen, was zwei Beinahe-Stürze zur Folge hatte.

Schmerzt bei Ihnen nach längerer Fahrt der Hintern? Vielleicht gibt es auch Taubheitsgefühle? Das kann zum Abbruch einer Fahrradreise und zur völligen Aufgabe des Hobbys führen. Ich hatte einmal einen laut Hersteller sehr bequemen Sattel mit dicker Gelpolsterung gekauft, bei dem mir regelmäßig der verlängerte Rücken wehtat. Ich dachte, ich würde mir etwas einbilden: Schließlich war der Sattel zuvor deutlich härter, das Gel des neuen schön weich, beim Aufsteigen saß ich sofort angenehmer – aber nach einigen Kilometern nicht mehr. Erst nach einigen Jahren habe ich einen schmalen Sattel montiert, der recht hart ist. Seitdem habe ich auch bei Langstrecken keine Schmerzen mehr. Eine Freundin von mir hat allerdings einen ganz weichen Sattel – und ist damit hochzufrieden.

Ob der Sattel passt, hängt auch von der Sitzposition ab: Neigt man den Oberkörper, verändern sich die Auflagepunkte der Beckenknochen. Außerdem kann es Männern dann passieren, dass die Geschlechtsteile leicht gequetscht werden. Es gibt deshalb Sättel mit entsprechenden Vertiefungen. Es gilt: Je tiefer geneigt der Fahrer sitzt, desto geringer wird die Belastung auf den Sitzknochen und desto größer im Schambereich. Deshalb wird bei aufrechter Sitzposition ein Rennradsattel meist unbequem sein.

Wobei wir beim Stichwort „Sitzknochen" sind. Der Abstand ist wichtig für die richtige Sattelbreite. Sie lässt sich einfach messen: Ein Stück Wellpappe nehmen und sich in der Radlerposition (also mit der Oberkörperneigung, die Sie normalerweise während der Fahrt haben!) daraufsetzen. Auf der Wellpappe sind zwei kleine Eindrücke zu sehen. Messen Sie den Abstand Mitte zu Mitte – das ist der Sitzknochenabstand. Logisch: Wer einen 13 cm breiten Sitzknochenabstand hat und sich auf einen 13 cm breiten Sattel setzt, fühlt sich darauf nie wohl – der Sattel muss mindestens 2 cm breiter sein. Dabei gilt allerdings die nutzbare Fläche – es gibt Sättel, die sind an den Seiten sehr gerundet, sie lassen sich nicht in ganzer Breite nutzen. Frauen haben normalerweise einen etwas größeren Sitzknochenabstand als Männer. Das muss aber nicht sein. Und: Der Knochenabstand hängt nicht vom Hüftumfang ab! Hersteller wie z. B. Specialized, Terry und SQ-Lab bieten ihre Sättel in verschiedenen Breiten an.

Wichtig ist die richtige Montage: Sättel lassen sich in der Neigung verstellen. Meist ist exakt waagerecht die optimale Position. Ein leicht nach vorn oder hinten geneigter Sattel ruft normalerweise eine ergonomisch ungünstige Sitzposition hervor, das Becken wird verschoben. Folge: Rückenschmerzen. Bei vielen Rädern wird der Sattel nachlässig angeschraubt, die Fahrer sitzen unbequem und wissen nicht, wieso.

Fazit: Auch beim Sattel gilt: Ausprobieren. Gehen Sie zu Ihrem Fahrradhändler und probieren Sie zwei, drei Modelle jeweils mindestens eine Stunde aus. Es gibt Reiseradler, die auf Rennradsättel schwören. Andere mögen relativ breite und weiche Sättel – es muss individuell passen. Meist sind nur leicht gepolsterte bequemer als weiche Sättel. Setzen Sie nicht auf Tests, Empfehlungen oder blumige Herstellerbeschreibungen. Teuer und gut gilt bei Sätteln auch nicht unbedingt. Vertrauen Sie ausschließlich dem eigenen Popometer.

Schuhe

Wo drückt der Schuh? Die Redensart macht deutlich, wie wichtig passendes Schuhwerk ist. Nie über Versandhändler kaufen, immer im Laden ausprobieren. Dabei die Schuhe möglichst lange tragen, auch mal Treppen steigen und in die Knie gehen. Die Zehen sollten etwas Spiel haben, der Fuß nicht im Schuh rutschen. Je steifer die Sohle, desto besser ist er zum Radeln geeignet – und umso schlechter zum Gehen.

Links und Literatur

Allgemeines

- ▷ 💻 www.adfc.de – Der Allgemeinde Deutsche Fahrrad Club bietet auf der Homepage unter anderem Tipps zu Recht und Gesundheit.
- ▷ 💻 www.bva-bielefeld.de – Der Bielefelder Verlag gibt die Zeitschrift Aktiv Radfahren heraus, bietet eine Tourenplanungs-Software an, Bücher, Karten und eine Datenbank.
- ▷ 💻 www.bahn.de – Bei der Eingabe der Stichwörter „Bahn Bike" erhält man unter anderem die Broschüre „Bahn & Bike" zum Download.
- ▷ 💻 www.bikepacking.com – Infos auf Englisch zum Gepäck-Trend.
- ▷ 💻 www.bustedcarbon.com – Gebrochene Karbonteile – eine schöne Bildersammlung
- ▷ 💻 www.efbe.de – Die EFBe Prüftechnik GmbH entwickelt seit 1995 neue Qualitäts- und Sicherheitsstandards für Fahrräder und die zugehörige Prüftechnik. Interessante Artikel kann man als PDF herunterladen.
- ▷ 💻 www.fahrrad-gruber.de/index.php?cat=KAT70 – Interessanter Artikel über die Herstellung und Unterschiede von Stahl- und Alurahmen
- ▷ 💻 www.radforum.de
- ▷ 💻 www.rad-forum.de – Ein kleiner Strich macht einen großen Unterschied zum 💻 www.radforum.de Das Forum mit dem Strich bietet deutlich mehr Infos.
- ▷ 💻 www.tour-magazin.de/service/ratgeber/lenkerformen/a9131.html – Ein Überblick zu Randonneur- und Rennlenkerformen
- ▷ 💻 www.light-bikes.de – Hier geht es um Mountainbikes und Rennräder
- ▷ 💻 www.mtb-welt.de – Insbesondere im Bereich Werkstatt viele Tipps, die auch für Tourenradler interessant sind.
- ▷ 💻 www.radreise-magazin.de – Homepage der Zeitschrift Radtouren
- ▷ 💻 www.test.de – Tests und Tipps zum Thema Fahrrad – teilweise kostet ein Download.
- ▷ 💻 www.ultralightcycling.blogspot.com/ – Informative Seite eines Radlers, der mit extrem wenig Gepäck weltweit unterwegs ist.
- ▷ 💻 www.weightweenies.starbike.com/ – Englischsprachige Seite, es geht um das Gewicht von Fahrradteilen

Zubehör-Hersteller/Versandhändler:

- ▷ Crank Brothers: unter anderem Pedale und Werkzeug
  💻 www.cosmicsports.de
- ▷ 💻 www.globetrotter.de – Versandhandel rund ums Reisen
- ▷ 💻 www.kompentix.de – Laufräder für wenig bis viel Geld
- ▷ Minoura: Flaschenhalter und mehr 💻 www.grofa.de
- ▷ Park Tool: Werkzeug 💻 www.grofa.de
- ▷ 💻 www.rose-versand.de Versandhandel rund ums Fahrrad
- ▷ SQ-Lab: Griffe, Lenker, Sattel, Einlegesohlen, Pedale
  💻 www.sq-lab.com
- ▷ SKS: Schutzbleche, Pumpen, Werkzeuge 💻 www.sks-germany.de
- ▷ 💻 www.speedlifter.de – Höhenverstellung für den Lenker
- ▷ 💻 www.superlight-bikeparts.de – Wie der Name schon sagt: der deutsche Versender ist spezialisiert auf extrem leichte Fahrradteile, spezielle für Rennräder und MTB. Hier geht es darum, das letzte Gramm mit viel Geld wegzukaufen.
- ▷ Tektro: Bremsen über 💻 www.centurion.de
- ▷ Topeak: Pumpen, Gepäckträger, Flaschenhalter und mehr
  💻 www.topeak.de
- ▷ 💻 www.trekking-lite-store.com Leichte Trekkingartikel
- ▷ 💻 www.whizz-wheels.de Renommierter Laufrad-Bauer. Online-Konfigurator und viele Infos rund ums Laufrad

Reiseberichte

- ▷ 💻 http://www2.arnes.si/~ikovse/weight.htm – Sehr inspirierende Seite eines Ultraleicht-Radfahrers, der mit unter 20 kg insgesamt für Rad und Gepäck schon auf der halben Welt unterwegs war.
- ▷ 💻 www.velofahren.de/reiseberichte.html – riesige Linksammlung

Zeitschriften

- 📖 Radwelt (Zeitschrift des Allgemeinen Deutschen Fahrrad-Clubs ADFC)
- ▷ Trekkingbike
- ▷ Radtouren
- ▷ Aktiv Radfahren

Bücher

- Bugdoll, Andreas: Radreisen. Conrad Stein Verlag, 160 Seiten, € 8,90.
- Dapprich, Stefan: Trekking ultraleicht. Conrad Stein Verlag, 160 Seiten, € 9,90
- Donner, Jochen: Die Trekkingbike-Werkstatt. Delius Clasing, 143 Seiten, € 14,90
- Herzog, Ulrich: Das Reiserad. Moby Dick Verlag, 150 Seiten, 5. überarbeitete Auflage 1995. Nur noch antiquarisch erhältlich.
- Hamann, Walter: Mit dem Fahrrad um die Welt (schönes Zeitdokument von einer Reise in den 50er Jahren), Franz Schneider Verlag 1967, 266 Seiten
- Wegner, Willi: Feuer für Melbourne (nur noch antiquarisch erhältlich, Radreise 1955/56 von Deutschland nach Australien), C. Bertelsmann Verlag, 1957, 285 Seiten

TREKKING
LITE
STORE
trekking-lite-store.com
DEN BLICK FÜR DAS WESENTLICHE –
DAS GEPÄCK SO LEICHT ES GEHT!
Check die ultraleichten Outdoor-Deals auf: trekking-lite-store.com

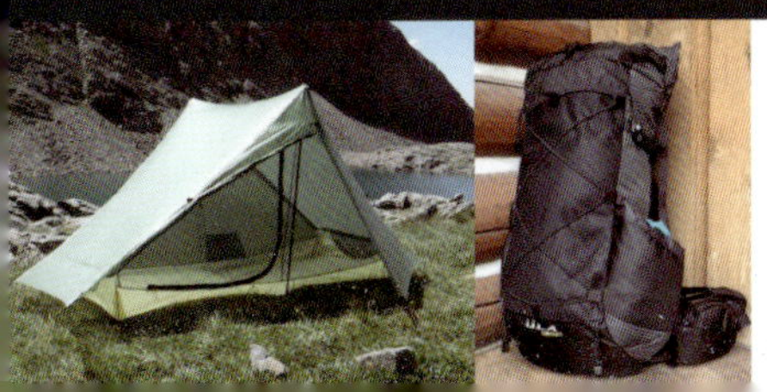

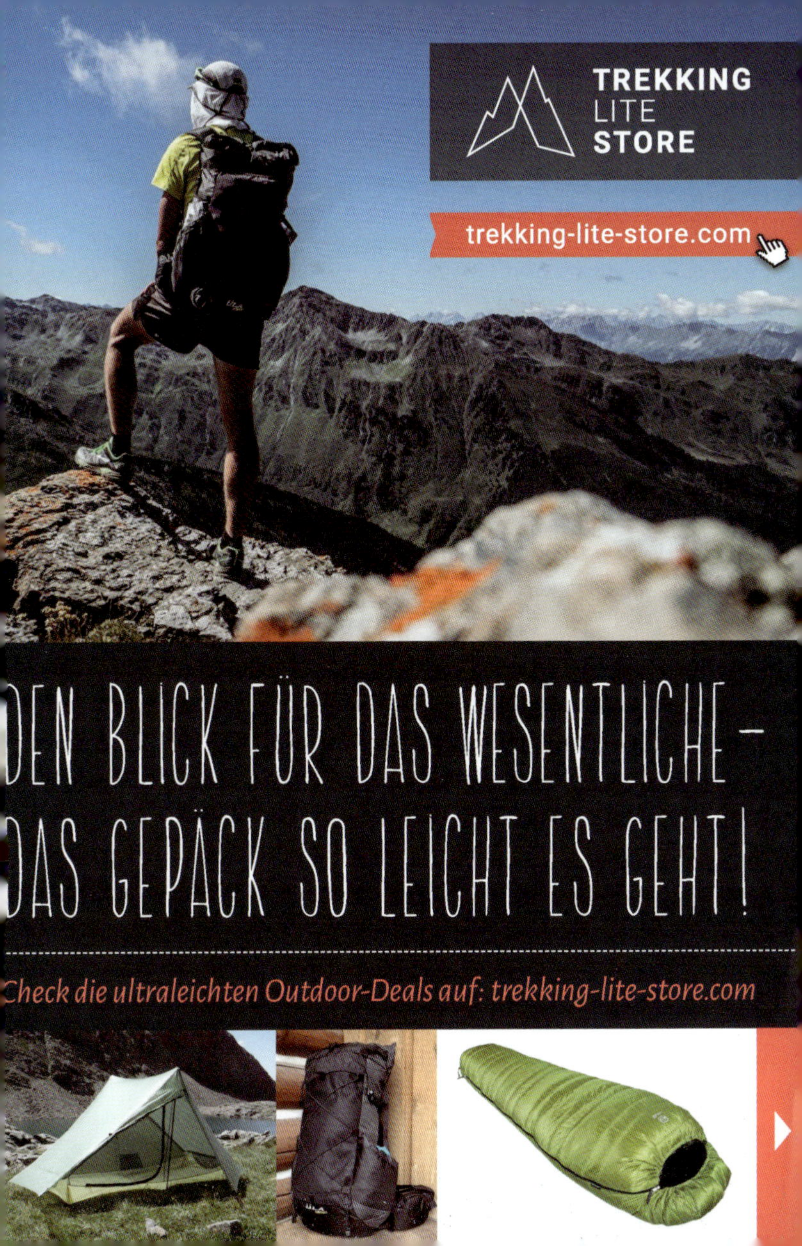

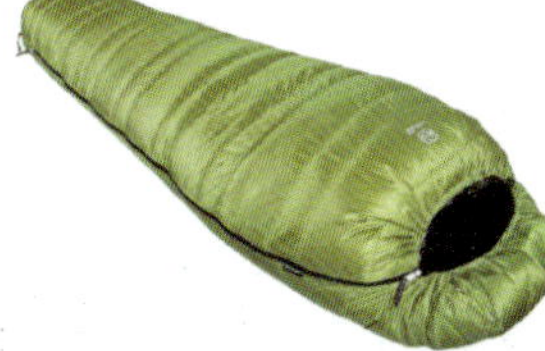

Index